Frank M. von Berger

Nüsse für den Hausgarten

Inhalt

Walnüsse	4
Botanisches Wissen	6
Herkunft und Kultivierung	8
Walnüsse vermehren	9
Verwendung im Garten	11
Walnüsse – nahrhaft und gesund	14
Pflanzung, Pflege und Ernte	15
Krankheiten und Schädlinge	20
Haselnüsse	22
Botanisches Wissen	24
Herkunft und Verbreitung	26
Haselnüsse vermehren	27
Verwendung im Garten	28
Haselnüsse für Genuss und Gesundheit	31
Pflanzung, Pflege und Ernte	32
Krankheiten und Schädlinge	34
Esskastanien	36
Botanisches Wissen	38
Herkunft und Klima	40
Die Geschichte der Esskastanie	41
Pflanzung, Pflege und Ernte	44
Krankheiten und Schädlinge	47
Mandeln	50
Botanisches Wissen	52
Herkunft und Klima	54
Mandeln für Genuss und Gesundheit	55
Pflanzung, Pflege und Ernte	56
Krankheiten und Schädlinge	60
Nüsse und Mandeln in der Küche	62
Rezepte mit Walnüssen	64
Rezepte mit Haselnüssen	67
Rezepte mit Esskastanien	70
Rezepte mit Mandeln	73
Infos & Adressen	76
Register	78

Vorwort

(Foto: Vitalliy/istockphoto.com)

Nüsse sind Knabberspaß, eine köstliche Zwischenmahlzeit und darüber hinaus echte Energiebomben. Wir alle kennen verschiedene Nüsse, etwa Haselnüsse. Aber botanisch gehören auch andere Baumfrüchte wie Esskastanien, Bucheckern, Birkensamen, Macadamianüsse, Platanenfrüchte und Eicheln zu den Nüssen. Manche als Nüsse bezeichneten Baumfrüchte mit harten, essbaren Kernen wie Mandeln und Walnüsse sind nach Meinung der meisten Botaniker gar keine Nüsse, werden aber umgangssprachlich als solche bezeichnet und auch ähnlich wie echte Nüsse verwendet. Die Walnuss, die eigentlich ein Schalenobst ist, stellt für manche sogar die Nuss schlechthin dar. Andere botanisch gesehen „echte" Nüsse sind durchaus genießbar, wenn auch nicht gartenwürdig. Wieder andere sind für den Verzehr ungeeignet oder sogar giftig.

Im Hausgarten werden heutzutage leider viel zu selten Nüsse kultiviert. Das mag vielleicht daran liegen, dass neu angelegte Gärten aufgrund gestiegener Grundstückspreise immer kleiner ausfallen. Doch für einen kompakten Haselstrauch oder ein Mandelspalier an einer geschützten Südwand sollte sich in allen Hausgärten noch ein Platz finden. Es lohnt sich auf jeden Fall, darüber nachzudenken, denn Nussbäume sind langlebig, pflegeleicht und nicht nur wegen ihrer Früchte nützlich, sondern dazu auch noch sehr dekorative Gehölze.

In diesem Buch erfahren Sie alles über die beliebtesten Nussbäume (die, so viel wissen wir jetzt schon, streng genommen nicht alle wirklich echte Nüsse hervorbringen). Außerdem finden Sie im Anhang dieses Buchs eine Auswahl von leckeren, auch internationalen Rezepten mit diesen köstlichen, gesunden und nahrhaften Baumfrüchten.

Frank M. von Berger
Juli 2012

Walnüsse

Für viele ist die Walnuss die Nuss schlechthin. Obwohl sie kein einheimisches Gewächs ist, hat sie sich in den Gedanken und Herzen der Menschen fest etabliert. Die Walnuss wächst in allen halbwegs milden Regionen und ist äußerst pflegeleicht. Nur Platz braucht so ein Baum – und der Pflanzer etwas Geduld, denn die ersten Nüsse kann man erst einige Jahre nach dem Setzen des Baums ernten. Dann aber ist ein Walnussbaum meist ein Begleiter durch das ganze Leben, denn die Erträge steigern sich in den ersten Jahrzehnten mit jedem Jahr. Wo genug Platz ist und die klimatischen Voraussetzungen gegeben sind, sollte man es also auf jeden Fall mit einem Walnussbaum versuchen!

(Foto: Bildagentur Waldhäusl/Panthermedia/Liane Matrisch)

Botanisches Wissen

(Foto: Frank von Berger)

Die Walnuss *(Juglans regia)* oder Welsche Nuss, wie sie oft auch genannt wird, ist ein 15–25 m hoher, breitkroniger, sommergrüner Baum mit tief reichender Pfahlwurzel. Die Rinde ist bei jungen Bäumen glatt und aschgrau, im Alter entwickelt sich eine längsrissige, graubraune Borke. Walnussbäume sind mit 60–80 Jahren ausgewachsen und können etwa 150 Jahre alt werden. Wildlinge beginnen frühestens im Alter von 15 Jahren zu fruchten, veredelte Bäume bereits nach etwa fünf Jahren.

Das Laub

Das etwas derbe Laub besteht aus dunkelgrünen, wechselständigen, unpaarig gefiederten Blättern mit einer Länge von bis zu 30 cm. Die einzelnen Fiederblätter sind länglich eiförmig, ganzrandig, unbehaart, 6–12 cm lang, 2–6 cm breit und streng gegenständig angeordnet. Beim Zerreiben verströmen die Blätter einen aromatischen Duft. Die Walnuss treibt im Frühjahr als einer der letzten Bäume aus und wirft ihr Laub im Herbst früh wieder ab.

Blüten und Früchte

Walnüsse sind einhäusig getrenntgeschlechtlich (monözisch). Die männlichen Blüten befinden sich in Achselknospen in Büscheln an bis 15 cm langen, hängenden Kätzchen. Die weiblichen Blüten sitzen in kleinen Gruppen am Ende beblätterter Jungtriebe. Die Blüte findet je nach Sorte und Region zwischen April und Juni statt. Die Bestäubung erfolgt durch den Wind. Aus den befruchteten weiblichen Blüten entstehen Steinfrüchte mit einer grünen, sich ablösenden Schale und einem verholzten Steinkern, der den Samen birgt. Dieser ist stark gefurcht und durch unvollständige Scheidewandbildung vierfach gegliedert. Die Früchte reifen je nach Sorte und Region im September/Oktober. Form und Größe der Nüsse variieren je nach Sorte. Die Form ist jedoch meist oval bis

Die Rinde des Walnussbaums zeigt im Alter charakteristische Längsrisse. (Foto: Frank von Berger)

Selbst befruchtet

Walnüsse haben keine zwittrigen Blüten wie die meisten anderen Obstgehölze. Männliche Kätzchenblüten und die unauffälligen weiblichen Blüten befinden sich jedoch am selben Baum und werden vom Wind bestäubt. Walnüsse sind also selbstfruchtbar. Eine Befruchtersorte ist nicht erforderlich.

Die männlichen Blüten der Walnuss sind kätzchenförmig. (Foto: Frank von Berger)

eiförmig. Die Größe variiert zwischen 2,5–8 cm Länge und 2,5–5 cm Breite. Der Walnussbaum spielt auch als Edelholzlieferant u. a. für die Möbelindustrie eine wichtige Rolle.

Die Verwandtschaft

Die Walnuss gehört zur Familie der Walnussgewächse (Juglandaceae). Diese Familie besteht aus acht Gattungen mit insgesamt etwa 60 Arten, von denen die meisten Bäume, einige aber auch Sträucher sind. Die Gattung *Juglans* umfasst etwa 20 weitere Arten. Neben der allseits bekannten Walnuss *(Juglans regia)* findet man hierzulande gelegentlich noch die rundfrüchtige Schwarznuss *(Juglans nigra)* und die süß schmeckende Butternuss *(Juglans cinereus)* – auch als Graue Walnuss, Graunuss oder Weiße Walnuss bezeichnet –, die beide aus Nordamerika stammen.

Während man die Butternuss fast nur in botanischen Gärten sieht, findet man in den Rhein- und Donauwäldern größere verwilderte Bestände der Schwarznuss. In süddeutschen und österreichischen Auenwäldern wachsen auch ziemlich frostharte Walnussbäume mit kleinen, dünnschaligen Früchten, die man im Volksmund Spitz-, Schnabel- oder Steinnuss nennt. Die genaue Herkunft dieser Wildformen ist noch nicht bekannt.

Der Name der Nuss

Der botanische Namen *Juglans* setzt sich zusammen aus dem lateinischen *iovis glans*, was auf Deutsch „Jupitereichel" heißt. Die deutsche Bezeichnung Walnuss ist eine Verballhornung des Namens Welschnuss.

Die Schwarznuss ist eine nahe Verwandte unserer Walnuss. (Foto: Vortigern69/fotolia.com)

Herkunft und Kultivierung

(Foto: Floydine/fotolia.com)

Das natürliche Verbreitungsgebiet der Walnuss erstreckte sich vor der letzten Eiszeit von Vorder- und Mittelasien über das östliche Mittelmeergebiet bis zum Balkan. In Syrien, West- und Südanatolien überdauerten Bestände die Eiszeit, und von dort aus breitete sich die Walnuss erneut in Richtung Europa aus.

Archäologische Funde deuten darauf hin, dass die Walnuss dem Menschen seit mehr als 9 000 Jahren als Nahrungspflanze dient. Die Griechen sollen den Baum zwischen dem 7. und 5. Jahrhundert v. Chr. aus dem Vorderen Orient nach Südeuropa gebracht haben. Plinius der Ältere (gestorben 79 n. Chr.) beschreibt in seinem Buch über die Baumzucht bereits die Anpflanzung und Pflege von Walnussbäumen in Italien.

Die Walnuss erobert Europa

Mit Sicherheit haben die Römer die Walnuss auf ihren Eroberungsfeldzügen in weite Teile ihres riesigen Reichs mitgenommen. Der Anbau als Fruchtbaum hat dabei ihre Verbreitung stark gefördert. Über Gallien (das heutige Oberitalien, Frankreich und Belgien) kam die Walnuss damals auch nach Deutschland und Österreich. Dort wurde sie auf Bauernhöfen, in Gärten und als Einzelbaum in der Feldflur gepflanzt, sofern das regionale Klima dies zugelassen hat.

Walnussbäume sind wärmeliebend und wachsen bevorzugt in wintermilden Regionen und auch dort nur bis in Höhen von etwa 800 m. In den Alpen findet man sie jedoch manchmal bis in Höhen von 1200 m. Sie gedeihen am besten auf tiefgründigen, nährstoffreichen, feuchten bis wechselfeuchten, kalkreichen bis schwach sauren Lehm- und Auenböden (pH-Wert zwischen 6,0 und 8,0).

Ertragreiche Sorten

Im Lauf der Geschichte wurden durch Selektion (Auswahl) Sorten geschaffen, die schon in jungen Jahren fruchten und hohe Erträge liefern. Viele davon sind an spezielle regionale Klimabedingungen angepasst und werden von den Einheimischen oft seit Jahrhunderten bewahrt und vermehrt.

Walnüsse in der Neuen Welt

Die ersten Walnussbäume kamen im Jahr 1770 mit spanischen Missionaren in die Neue Welt. In Kalifornien entstand im Jahr 1867 die erste kommerzielle Walnussplantage in den USA. Heute erzeugen die USA – hauptsächlich in Kalifornien – mit mehr als einer Million Tonnen rund zwei Drittel der gesamten Weltproduktion an Walnüssen. Weitere wichtige Produzenten sind die Türkei, die Staaten der ehemaligen UdSSR, Italien und China.

(Foto: gnubier/pixelio.de)

Walnüsse vermehren

Walnüsse lassen sich ganz einfach durch Aussaat der reifen Nüsse vermehren. Dies geschieht eigentlich jedes Jahr, wenn im Herbst nicht alle Nüsse aufgesammelt oder reife Nüsse von Eichhörnchen oder Vögeln im Boden versteckt werden. Die im Boden gebliebenen Nüsse keimen im folgenden Frühjahr und rasch wächst ein neuer Nussbaum heran. Die Sache hat jedoch einen Nachteil: Aus Sämlingen gezogene Walnüsse bringen erfahrungsgemäß kleinere Früchte hervor als veredelte Bäume und beginnen meist auch viele Jahre später als Edelsorten zu fruchten. Edelsorten können meist schon nach fünf bis sechs Jahren beerntet werden. Bei einigen Edelsorten wurde auch durch Zucht und Auslese ein kleinkroniger Wuchs erzielt. Deshalb eignen sich solche Sorten besonders gut für den Hausgarten. Grundsätzlich sollte man wegen ihrer vielen Vorzüge nur veredelte Bäume in den Hausgarten pflanzen. In Baumschulen werden praktisch ausschließlich veredelte Sorten angeboten.

Walnüsse veredeln

In Mitteleuropa werden Walnüsse durch Pfropfung meist auf ein- oder zweijährige Sämlinge von *Juglans regia*, der Echten Walnuss, veredelt. Auf Schwarznuss *(Juglans nigra)* veredelte Walnüsse bilden in den ersten zwei bis drei Jahrzehnten kleinere Kronen aus. Später gleicht sich der Unterschied jedoch aus.

Handveredelungen im Freiland sind in unseren Breiten wegen der nicht ausreichend hohen Wintertemperaturen selten erfolgreich. In Fachbetrieben werden die Veredelungen in einem aufwendigen Verfahren durchgeführt, bei dem neben äußerster Hygiene auch Wärmeräume eine wichtige Rolle spielen.

Stubenveredelung

Will man Walnüsse selbst veredeln, kann man dies mit der sogenannten Stubenveredelung nach der **WalWal-Methode** des Schweizers Hans-Sepp Walker versuchen.

SÄMLINGE VORBEREITEN Etwa Mitte Dezember (in einer frostfreien Periode) werden ein- bis zweijährige Sämlinge ausgegraben und in ein Gefäß mit Erde eingetopft. Die Sämlinge sollten einen Stammdurchmesser von 1–3 cm haben. Man kann mehrere Sämlinge zusammen in einen großen Topf pflanzen, so ist die Wahrscheinlichkeit größer, dass einer der veredelten Sämlinge tatsächlich anwächst. Nach dem Eintopfen das Angießen nicht vergessen! Über den Topf wird eine transparente Plastiktüte gestülpt, was für eine hohe Luftfeuchtigkeit von etwa 80 Prozent sorgt. Den Topf stellt man in einem hellen Zimmer bei etwa 20 °C auf. Nach etwa drei Wochen beginnen die Knospen der Sämlinge auszutreiben. Dann ist der Zeitpunkt für die Veredelung gekommen. Man topft die Sämlinge aus und schneidet unmittelbar vor dem Veredeln ein ca. 50 cm langes Edelreis von einem Walnussbaum (vom letztjährigen Austrieb), der die gewünschten Eigenschaften hat. Die besten Knospen sitzen im unteren Drittel des Edelreises.

KOPULATION Für das Aufpfropfen müssen die Unterlage (der Sämling) und das Edelreis den gleichen Durchmesser haben. Beide werden an einer geraden Stelle mit einem scharfen Messer schräg durchgeschnitten, und zwar so, dass der Schnitt bei beiden Hölzern etwa sechsmal so lang ist wie der Triebdurchmesser. Den oberen Teil des Edelreises kürzt man ein, sodass nur zwei bis drei Augen (Triebknospen) stehen bleiben. Man legt beide Reiser sofort (und noch bevor sie antrocknen) an den Schnittstellen aufeinander, verbindet sie fest mit Naturbast und versiegelt die Veredelungsstelle und die eingekürzte Spitze des Edelreises mit flüssigem Wachs.

TIPP Die Schneidwerkzeuge müssen peinlich sauber sein, damit die Schnittflächen nicht mit Viren oder Bakterien infiziert werden: Am besten mit reinem Alkohol abwischen oder kurz über eine offene Flamme halten!

Der veredelte Sämling wird erneut in den Topf gepflanzt, angegossen und – wieder mit einer übergestülpten Plastiktüte – bei 20 °C im hellen Zimmer aufgestellt. Nach etwa zehn Tagen beginnt der Austrieb. Nach rund drei Wochen sollte die Kallusbildung erfolgt und die Schnittstelle zusammengewachsen sein. Jetzt kann die Plastikfolie entfernt werden. Rasch treiben die Knospen des Edelreises grüne Triebe. Wenn die veredelten Sämlinge etwa 50 cm lange Triebe haben, können sie im Folienhaus abgehärtet und ab Mitte Mai ins Freiland gepflanzt werden. Die Bastverschnürung wird spätestens dann entfernt, wenn am Stamm das Dickenwachstum einsetzt.

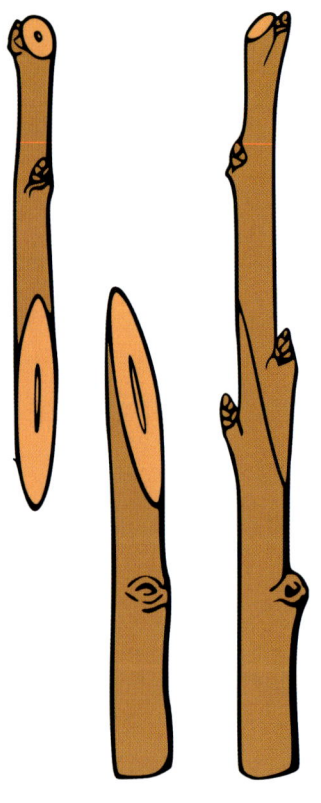

Veredeln mithilfe der einfachen Kopulation
(Foto: Kilom691/wikimedia Commons)

Meristemvermehrung

Bisher konnten Walnüsse nur durch Veredelung sortenrein vermehrt werden. Durch die Methode der Meristemvermehrung (Vermehrung durch Gewebekultur) wurde es möglich, Walnüsse sortenrein im Labor zu vermehren. Die Jungpflanzen müssen später nicht mehr veredelt werden. Derart erzeugte Walnussklone sind viren- und bakterienfrei.

(Foto: 7000/istockphoto.com)

Verwendung im Garten

Wer einen Walnussbaum pflanzt, tut dies wahrscheinlich vor allem wegen der Nüsse. Deshalb sollte man in jedem Fall darauf achten, eine veredelte Sorte zu wählen, damit die Ernte möglichst früh und reichlich ausfällt. Ein so mächtiger Baum wie die Walnuss eignet sich nur für größere Gärten ab 1000 Quadratmetern, denn ausgewachsene Bäume erreichen einen Kronendurchmesser von bis zu 15 Metern.

> **TIPP** **Einmal gepflanzte Walnussbäume nehmen ein Umsetzen übel. Deshalb sollte man den Standort für einen Nussbaum sorgfältig überdenken und dann nicht mehr verändern.**

Bei einer vorausschauenden Standortwahl wird dies berücksichtigt und ein ausreichender Abstand zu Gebäuden eingehalten.

Standortwahl

Bei der Standortwahl sollte man darauf achten, dass der Boden tiefgründig und ausreichend feucht ist. Auch sollte das Laub rasch und gut abtrocknen können, damit sich keine Blattpilze ansiedeln. Walnussbäume brauchen Platz, um sich ungestört entwickeln zu können. Ein gut belüfteter, winddurchlässiger Standort ist daher zu bevorzugen. Die sehr pflegeleichten Walnussbäume können über Jahrzehnte einen markanten Blickfang darstellen. Daher wird die Walnuss gern als „Hausbaum" gepflanzt.

Im Sommer ist ein Sitzplatz im kühlen Schatten eines Walnussbaums erfrischend.
(Foto: Heinz Hanser/botanikfoto.com)

Durch die Gerbstoffe der Blätter können unter einem Walnussbaum kaum andere Pflanzen überleben. (Foto: Denis Pogotin/istockphoto.com)

Walnuss-Sorten

Die im Handel angebotenen Nussbäume werden in der Regel nicht mit Sortenbezeichnung verkauft. Trotzdem kann man, wie bei anderen Obstarten, auch bei Walnüssen bestimmte Sorten mit den gewünschten Eigenschaften wie z. B. Fruchtgröße, Winterhärte oder Reifezeit auswählen. Auf Nachfrage bekommt man die mit der entsprechenden Sorte veredelten Walnussbäume in guten Baumschulen. Die meisten Walnuss-Sorten tragen eine Nummer, nur wenige haben auch einen Handelsnamen. Nachfolgend werden einige handelsübliche Sorten vorgestellt.

'ESTERHAZY II' Sehr robuste, windfeste und wenig frostanfällige Sorte, besonders für warme, trockene Lagen. Der Ertrag ist mittel-

Symbolik und Volksglauben

Man sagt dem Walnussbaum nach, dass er Mücken abhalte. Verantwortlich dafür ist der strenge Geruch des Laubs. Auf Bauernhöfen wurden Walnussbäume daher auch gern neben Stallungen und Misthaufen gepflanzt.

Nüsse gelten seit alters her als Symbol der Fruchtbarkeit. Ein Nussbaum im Hausgarten sollte seine Bewohner und das Vieh mit reichlich Nachkommen segnen – und diese dann auch mit nahrhaften Nüssen versorgen. Der Volksmund sagt aber auch: „Was unter einem Walnussbaum wächst, taugt nichts." Alles, was im Dunstkreis eines Walnussbaums wächst, geht angeblich bald zugrunde. Im Mittelalter galt die Walnuss sogar als Unglücksbaum, weil er der umgebenden Erde die Fruchtbarkeit raube. Tatsächlich gibt der Walnussbaum Hemmstoffe ab, die verhindern, dass andere Pflanzen mit ihm um Nährstoffe konkurrieren. Die Blätter des Walnussbaums sind besonders gerbstoffreich. Wo sie zu Boden fallen und liegen bleiben, wird die Erde regelrecht „vergiftet", sodass sich keine anderen Pflanzen dort ansiedeln können. Der tiefe Schatten, den die dicht belaubte Krone wirft, tut ein Übriges, sodass man auf eine Unterpflanzung von Nussbäumen verzichten sollte.

Nussertrag

Der Ertrag setzt bei Kultursorten frühestens im Alter von fünf Jahren ein. Ab dem vierten Jahrzehnt werden gute Erträge erzielt. Am besten tragen Bäume im Alter zwischen 60 und 80 Jahren. Später gehen die Erträge wieder zurück. An einem guten Standort kann man von einem ausgewachsenen Baum zwischen 45 und 55 kg Nüsse erwarten, an schlechten Standorten weniger als die Hälfte.

(Foto: Frank von Berger)

'Esterhazy II' (Foto: FRUCTUS.ch)

stark, aber die mittelgroßen, eiförmigen, dünnschaligen Nüsse sind von sehr guter Qualität und Lagerfähigkeit.

'Geisenheim Nr. 26' Kleinkronige Sorte, die wegen des späten Austriebs und der späten Blüte wenig spätfrostgefährdet ist. Außerdem ist sie sehr resistent gegen Krankheiten. Die Nüsse sind klein bis mittelgroß, haben eine glatte Schale und einen guten Geschmack.

'Kurmarker Walnuss' (Synonym: 'Geisenheim Nr. 1247') Robuste, aber sehr früh blühende und daher spätfrostgefährdete Sorte mit langer Vegetationszeit, hohen Erträgen und guter Winterhärte. Die mittelgroßen, dünnschaligen Nüsse haben eine glatte Schale, eine ausgezeichnete Qualität und sind lange lagerfähig.

'Rote Donaunuss' (Synonym: 'Geisenheim Nr. 1239') Spät austreibende, regelmäßig und reich tragende Sorte aus Ybbs an der Donau. Die mittelgroße, wohlschmeckende Nuss hat eine auffällig rote Kernhaut. Etwas anfällig für Blattflecken.

'Seifersdorfer' (Synonym: 'Seifersdorfer Runde') Altbewährte, winterharte Sorte, die sich auch für Höhenlagen bis 800 m eignet. Dort treibt der Baum später, die Nüsse reifen aber dennoch rechtzeitig aus (Ende September bis Anfanfang Oktober). Der Baum ist mittelstark bis stark wüchsig und selbstfruchtbar. Die Nüsse sind groß, rund und sehr schmackhaft.

'Spreewälder Walnuss' (Synonym: 'Geisenheim Nr. 286') Robuste, frostharte Sorte, die reich und regelmäßig trägt und auffallend gesundes Laub hat. Die mittelfrühe Blüte ist wenig spätfrostgefährdet. Die Nüsse sind mittelgroß, breit eiförmig, haben eine sehr glatte Schale und einen gelben Kern. Sehr guter Geschmack, aber nur begrenzt lagerfähig.

'Weinsberger Walnuss W1' (Synonym 251 RH) Robuste Sorte mit kleinkronigem Wuchs, weshalb sie gern für Hausgärten gewählt wird. Durch die mittelfrühe Blütezeit wenig spätfrostgefährdet. Regelmäßiger, reicher Ertrag. Die Nüsse sind relativ klein, breit eiförmig, haben eine glatte, dicke Schale und gelbes, wohlschmeckendes Fruchtfleisch. Etwas empfindlich gegen Blattflecken und nur befristet lagerfähig.

'Geisenheim 2' (Foto: FRUCTUS.ch)

Walnüsse – nahrhaft und gesund

(Foto: Piotr Kwiatkovsky/istockphoto.com)

Walnüsse haben eine geballte Ladung von Vitalstoffen zu bieten und sind in jeder Hinsicht sehr gesund. Zwar enthalten sie zwischen 62 und 70 Prozent Fett, doch sind sie reich an ungesättigten Fettsäuren, darunter viele Omega-3-Fettsäuren, die als besonders gesund für das Herz gelten. Außerdem enthalten Walnüsse etwa 15 g Eiweiß und zwischen 6 und 10 g Kohlenhydrate pro 100 g. Mit einem Ballaststoffgehalt von 4–6 g pro 100 g fördern sie zudem die Verdauung. Dennoch sind Walnüsse keine Schlankmacher, denn mit rund 700 kcal ersetzen 100 g Walnusskerne praktisch eine vollwertige Mahlzeit.

MINERALIEN UND VITAMINE Walnüsse sind reich an Mineralien und Vitaminen. Neben Kalium, das bei Heranwachsenden für die Bildung gesunder Zähne und Knochen wichtig ist, enthalten sie Magnesium, Phosphor, Schwefel, Eisen und Kalzium. Der Gehalt an Vitaminen ist bei Walnüssen höher als bei vielen anderen Obstsorten. Sie sind eine wichtige Quelle von Vitamin A, B_1, B_2, B_3, B_5 (Panthothensäure) und reichlich Vitamin C sowie Vitamin E. Besonders das fettlösliche und damit in der ölreichen Walnuss ideal für den menschlichen Organismus verfügbare Vitamin E stärkt die Nerven, fängt freie Radikale und sorgt für eine ausgeglichene Psyche. Ernährungswissenschaftler empfehlen, täglich fünf Walnusskerne zu essen, und das möglichst roh. Denn viele wertvolle Inhaltsstoffe werden durch das Erhitzen beeinträchtigt oder zerstört.

WEITERE INHALTSSTOFFE Walnüsse stärken Herz und Kreislauf, halten die Arterien frei und senken den Cholesterinspiegel im Blut. Sie beinhalten vor allem Gerbstoffe mit stark adstringierender Wirkung, Flavonoide und Juglon, einen Stoff, der gegen Pilzerkrankungen der Haut wirkt. Wegen der hautbräunenden Eigenschaft von Juglon werden Walnüsse auch in der Kosmetikindustrie (z. B. zu Sonnenöl) verarbeitet.

VOLKSMEDIZIN Die im Juni gesammelten und getrockneten Blätter wurden einst als Tee gegen Durchfall eingesetzt. Gemischt mit Kamille war auch die Anwendung in Form von Umschlägen und Wickeln bei Hauterkrankungen wie Akne oder Ekzemen gebräuchlich. Bei Fußpilz wurden früher Fußbäder mit Auszügen aus Walnussblättern empfohlen.

BACHBLÜTENTHERAPIE Walnussblüten wird zugeschrieben, dass sie die Entscheidungskraft stärken und weniger anfällig für Beeinflussungen machen.

HOMÖOPATHISCHE MEDIZIN Essenzen aus frischen Blättern und Fruchtschalen von Walnüssen werden zur Behandlung von eitrigen Hautausschlägen, Entzündungen der Lymphknoten, Kopfschmerzen, Leberstörungen und Erkrankungen des zentralen Nervensystems benutzt.

(Foto: andi68/istockphoto.com)

Pflanzung, Pflege und Ernte

Walnüsse brauchen geschützte, warme, sonnige bis halbschattige Standorte in mäßig trockenen bis feuchten Böden, die schwach sauer bis kalkhaltig (pH-Wert zwischen 6,0 und 8,0), durchlässig und nährstoffreich sein sollten.

In kalten Regionen können durch Spätfröste im Frühjahr Frostschäden am Holz auftreten und die weiblichen Blüten geschädigt werden, was zu einer Beeinträchtigung des Fruchtertrags führt. Ein gut durchlüfteter Standort, an dem die Blätter rasch abtrocknen können, beugt einem Befall mit Blattflecken vor, die durch Pilze hervorgerufen werden.

Weil einmal gepflanzte Bäume nicht mehr umgepflanzt werden sollten, muss der Standortwahl entsprechende Aufmerksamkeit geschenkt werden.

Heister, Halb- oder Hochstamm?

Die Wahl der Wuchsform hängt von der Verwendung des Baums und den Wünschen des Besitzers ab.

Neben Verkehrsflächen und als Hausbaum, unter dem man später einmal sitzen möchte, empfiehlt sich in jedem Fall ein Hochstamm. Bei Halbstämmen entwickelt sich die Krone schneller, was bedeutet, dass früher größere Ernteerträge zu erwarten sind. Heister eignen sich wegen ihrer guten Standfestigkeit für exponierte Standorte und Hanglagen.

Richtig pflanzen

Die beste Pflanzzeit ist das Frühjahr, sobald der Boden frostfrei ist. Gepflanzt wird in tiefgründigen, nicht staunassen Boden, der zuvor mit Kompost angereichert wurde. Das Pflanzloch sollte doppelt so breit und tief wie der Wurzelballen des zu pflanzenden Walnussbaums gegraben werden.

WURZELN VORBEREITEN Bei wurzelnackter Ware alle Wurzeln, die mehr als bleistiftdick sind, 1–3 cm zurückschneiden, bei gut durchwurzelter Containerware entstandene Wurzelringe am unteren Ende zwei- bis dreimal durchschneiden. Lange Wurzeln nicht zu flach, sondern schräg nach unten anordnen, damit sie rasch in tiefere Bodenschichten vordringen und dem Baum einen guten Halt verschaffen.

Heister

Als Heister bezeichnet man ein baumartig wachsendes Laubgehölz mit durchgehendem Mitteltrieb, der über die ganze Länge mit Seitentrieben besetzt ist. Heister werden in Baumschulen gezogen und weisen, anders als Halb- und Hochstämme, keine deutliche Krone auf.

Pflanzen Sie Ihren Walnussbaum nicht zu tief!
(Foto: ideeone/istockphoto.com)

Nicht zu tief 🌿 Es darf auf keinen Fall zu tief gepflanzt werden. Die oberste Seitenwurzel sollte nur 2–3 cm unter dem Bodenniveau liegen. Am besten setzt man den Walnussbaum genauso tief, wie er in der Baumschule oder im Container stand.

Gut stützen 🌿 Halb- und Hochstämme brauchen in jedem Fall einen Stützpfahl, der am besten vor dem Pflanzen eingeschlagen wird, sodass die Wurzeln später nicht versehentlich „gepfählt" werden. Nach dem Einfüllen und Festdrücken der Erde wird der Baum mit Kokosfaserstrick oder einem anderen weichen, aber festen Bindematerial am Pfahl befestigt.

Feucht halten 🌿 Danach wird ein Gießrand um den Stamm geformt und schließlich gründlich angegossen. Auch in den auf die Pflanzung folgenden Wochen muss auf ausreichende Bodenfeuchtigkeit geachtet werden. Besonders im ersten Standjahr darf der Wurzelbereich nicht austrocknen.

Walnussbäume pflegen

Walnussbäume sind äußerst pflegeleicht. Zur Ertragssteigerung kann im zeitigen Frühjahr organischer Dünger, z. B. eine Schicht reifer Kompost, unter dem Baum ausgebracht werden. In trockenen Sommern sorgt ausreichendes Wässern dafür, dass alle angesetzten Früchte auch voll ausreifen.

> **TIPP** 🌿 Da Walnussbäume anfällig für Blattfleckenkrankheiten sind, muss das herabgefallene Laub im Herbst sorgfältig aufgesammelt und vernichtet werden (nicht kompostieren!).

Als Schutz vor Frostrissen im Winter können Jungbäume (Bäume mit einem Stammdurchmesser von weniger als 20 cm) im Herbst mit einem Anstrich aus Kalkmilch oder einer Manschette aus Stroh, Wellpappe oder Kunststoff versehen werden. Jüngere Bäume, bei denen man die Krone noch erreicht, können im Frühjahr durch Spritzungen mit Schachtelhalmbrühe widerstandsfähiger gegen Krankheiten gemacht werden.

Walnussbäume schneiden 🌿 Walnussbäume brauchen meist keinen Pflege- oder Erhaltungsschnitt. Jüngere Bäume können

Walnussbäume sollten in trockenen Sommern gut gewässert werden – nur so reifen alle Nüsse aus.
(Foto: MPCheatham/istockphoto.com)

Schachtelhalmbrühe

Eine aus Schachtelhalm hergestellte Brühe stärkt die natürlichen Abwehrkräfte der Pflanzen gegen Krankheiten und Schädlinge. Sie lässt sich leicht aus frischem oder getrocknetem Ackerschachtelhalm herstellen. Getrocknetes Ackerschachtelhalmkraut ist in Apotheken und guten Drogerien erhältlich.

Zubereitung: 1 kg frisches oder 200 g getrocknetes Kraut von Ackerschachtelhalm (*Equisetum arvense*, auch Zinnkraut genannt) 24 Stunden lang in 10 l Wasser einweichen. Anschließend eine halbe Stunde lang köcheln lassen, abseihen und nach dem Erkalten in fünffacher Verdünnung auf die Pflanzen sprühen.

jedoch durch einen korrigierenden Schnitt in die richtige Form gebracht werden, etwa wenn zwei Haupttriebe entstanden sind. Ältere Bäume können ausgelichtet werden, damit mehr Licht und Luft in die Krone kommt.

> **TIPP** **Ein Auslichten älterer Nussbäume verhindert, besonders an luftfeuchten Standorten, einen Befall mit pilzlichen oder bakteriellen Krankheitserregern.**

Der richtige Zeitpunkt für einen Schnitt ist das Frühjahr (**Erziehungsschnitt** ab Mai bis Ende Juni) oder der späte Sommer bis Ende September (**Auslichten der Krone**). Auf jeden Fall sollten größere Wunden wenn möglich vermieden werden. Schnittmaßnahmen gegen Ende des Sommers haben den Vorteil, dass der Baum an den Schnittstellen nicht ausblutet und keine neuen Triebe mehr entstehen, die bis zum Winter nicht ausreifen würden.

(Foto: LianeM/istockphoto.com)

Zu eng stehende Äste sollten regelmäßig entfernt werden, um den Ertrag zu sichern.
(Foto: DLeonis/istockphoto.com)

Ernte und Lagerung

Walnüsse sind schon einige Tage vor dem Aufplatzen der grünen Fruchthülle reif. Die Ernte erfolgt aber meist erst, wenn die Hüllen aufspringen. So kann man sich das lästige Schälen von Hand sparen.

Früher hat man die reifen Walnüsse im noch grünen Zustand mit langen Stangen vom Baum geschlagen, um die Nüsse möglichst sauber zu ernten, bevor sie zu Boden fielen. Die Bäume leiden jedoch unter dieser Methode: Kleine Zweige und Triebspitzen knicken ab und die Rinde des Baums wird verletzt, Krankheiten und Schädlinge können ins Holz des Baums eindringen. Besser ist es, einfach abzuwarten, bis die grünen Fruchtschalen sich schwarzbraun verfärben und der Herbstwind die reifen Nüsse vom Baum fegt. Man muss die Nüsse nicht täglich aufsammeln, aber es empfiehlt sich dennoch eine Kontrolle im Abstand von wenigen Tagen. Erfahrungsgemäß haben Walnüsse viele Freunde – nicht nur Wildtiere, sondern auch spazierengehende Zweibeiner, die sich über einen „Zufallsfund" freuen.

Reife Walnüsse haben in der Natur viele Freunde – daher regelmäßig aufsammeln!
(Foto: Jürgen Hüsmert/pixelio.de)

SCHALENRESTE ENTFERNEN An den Nüssen anhaftende schwarze Schalenreste entfernt man am besten gleich beim Aufsammeln. Weil die besonders bei feuchter Witterung manchmal etwas glitschigen Schalenreste stark färben, sollte man beim Aufsammeln Haushaltshandschuhe tragen. Auch die Garderobe wählt man dem Anlass entsprechend aus: Helle, empfindliche Kleidung sollte man unbedingt vermeiden!

> **TIPP** Braun gefärbte Hände und Fingernägel bekommt man am besten mit Zitronensaft sauber, bei Textilien empfiehlt sich ein gutes Vollwaschmittel bei einer 60-°C-Wäsche und in hartnäckigen Fällen ein Fleckenwasser.

Walnüsse fallen von selbst vom Baum, wenn sie reif sind. (Foto: Gomez David/istockphoto.com)

Verfärbungen durch Walnussschalen an Haut, Fingernägeln und Kleidung sind sehr hartnäckig und lassen sich nur schwer wieder entfernen.

Auch grüne Nüsse färben!

Wer glaubt, dass nur die schwarzbraunen Schalen der Walnüsse färben, irrt gewaltig! Auch die grünen Schalen haben eine enorme Färbekraft. Der zunächst helle Pflanzensaft oxidiert rasch und färbt Haut und Kleidung olivbraun. Deshalb: Achtung beim Umgang mit rohen Walnussschalen!

NÜSSE TROCKNEN Nach dem Auflesen vom Boden werden die Nüsse in einem Bottich mit kaltem Wasser kurz gewaschen, bevor man sie zum Trocknen auslegt. So werden Schmutz und Schalenreste beseitigt.

Die Trocknung erfolgt einlagig an einem luftigen, warmen, aber nicht sonnigen Ort. Ideal sind flache Obststeigen aus Holz oder grobmaschige Siebe, wo die Luft gut zirkulieren kann, die auf einem gut durchlüfteten Dachboden aufgestellt werden.

Kommerzielle Nussernte

Im kommerziellen Anbau wird eine Chemikalie auf die reifenden Walnüsse gespritzt, um die Bildung des Reifegases Äthylen anzuregen und damit das Aufplatzen der Hülle zu beschleunigen. Die Ernte erfolgt meist durch Schütteln des Stamms oder der Äste. Die herabgefallenen Nüsse werden aufgesammelt, gereinigt und mit Warmluft getrocknet, bis sie nur noch einen Restwassergehalt von etwa acht Prozent haben. Bevor die ganzen Nüsse in den Handel gelangen, werden die Schalen mit Schwefel gebleicht, damit sie appetitlicher und hygienischer aussehen.

Während des Trocknens müssen die Nüsse täglich gewendet werden, damit sie nicht schimmeln. Je nach Witterung dauert das Trocknen bis zu fünf Wochen. Man kann durch gelegentliche Knackproben prüfen, ob die Nüsse ausreichend trocken sind.

TIPP Fertig getrocknete Nüsse bewahrt man bis zur Verwendung am besten in Körben oder luftigen Jute- oder Stoffsäcken auf, die man mäusesicher aufhängt.

NÜSSE LAGERN Bei lagerfertig getrockneten Nüssen sind die den Nusskern umschließenden, hellbraunen Innenhäutchen völlig trocken, hauchdünn und knistern leicht, wenn man versucht, sie zu entfernen. Der Kern selbst bleibt auch nach dem Trocknen aufgrund seines hohen Fettgehalts relativ feucht, schimmelt aber nicht.

Nicht unterschätzen darf man die starke Färbekraft der Nussschalen.
(Foto: koiss/istockphoto.com)

PFLANZUNG, PFLEGE UND ERNTE

Krankheiten und Schädlinge

(Foto: kryczka/istockphoto.com)

Walnussbäume sind am richtigen Standort meist sehr robust und widerstandsfähig. Was sie allerdings nicht mögen, ist feuchtes Klima. Dies begünstigt pilzliche Erkrankungen, vor allem die gefürchteten Blattflecken. Seltener treten tierische Schädlinge auf. Allerdings ist in der jüngsten Zeit leider eine Zunahme der Walnussfruchtfliege zu beobachten, die für große Ernteausfälle sorgt und für deren Bekämpfung bisher noch keine Mittel bekannt sind.

Im Hausgarten spielt die naturnahe Kultur im Hinblick auf einen gesunden und naturverträglichen Umgang mit der Umwelt eine große Rolle.

> **TIPP** 🍃 **Eine wichtige Maßnahme zur Verhinderung eines Neubefalls im folgenden Jahr ist das sorgfältige und möglichst frühe Aufsammeln und Vernichten befallener Blätter.**

Walnusslaub sollte nicht kompostiert, sondern über den Restmüll oder auf einer Biomülldeponie entsorgt werden.

Vorbeugende Maßnahmen gegen pilzliche und bakterielle Krankheiten sind eine gute Standortwahl, die optimale Versorgung mit Nährstoffen und Wasser sowie das Auslichten älterer Bäume, damit mehr Licht und Luft in die Krone gelangen.

Kleinere Bäume, bei denen man noch an die Krone heranreicht, können im Frühjahr vorbeugend mit Schachtelhalmbrühe gespritzt werden (siehe Seite 17). Die natürliche Substanz vitalisiert die Pflanzen und macht sie widerstandsfähiger gegen Krankheiten aller Art und Schädlinge.

Durch den Pilz *Marssonina juglandis* verursachte Blattflecken befallen auch die unreifen Früchte.
(Foto: Retrovizor/istockphoto.com)

Blattflecken durch Pilzbefall

Die wohl am häufigsten auftretende Krankheit sind durch Pilze verursachte Blattflecken. Feuchte Witterung fördert einen Befall. Besonders ungünstig wirken sich verregnete Sommer aus, in denen die Blätter der Walnuss häufig für längere Zeit nass sind. Dadurch finden Blattfleckenpilze wie *Marssonina juglandis (Gnomonia leptostyla)* optimale Lebensbedingungen. Die Krankheit beginnt auf der Blattunterseite mit dem Auftreten von bis 20 mm großen, graubraunen Flecken mit dunklem Rand, die deutlich kleine Pilzfruchtkörper aufweisen. Später zeigen sich auch auf der Blattoberseite Blattflecken. Das Laub vergilbt und fällt vorzeitig ab. Auf der grünen Hülle der Frucht zeigen sich schwarze, eingesunkene Flecken, die sich bis in den Kern hinein ausdehnen und die Früchte ungenießbar machen. Die Krankheit schwächt den Baum und macht ihn anfällig für weitere Krankheiten.

Bakterienkrankheit

Blattflecken können auch durch die Bakterienkrankheit *Pseudomonas juglandis* hervorgerufen werden. Die braunschwarzen Flecken sind im Gegensatz zu den von Pilzen hervorgerufenen Flecken anfangs wässrig durchscheinend. Stark betroffene Blätter fallen vorzeitig ab, was den Baum schwächt und auf Kosten der Fruchtqualität geht. Bei starkem Befall weisen auch die grünen Fruchthüllen braunschwarze, eingesunkene Flecken auf, die sich bis in den Kern der Frucht fortsetzen und diese ungenießbar machen. Die Bakterienkrankheit wird durch nasse Witterung gefördert. Die Krankheit tritt oft zusammen mit durch Pilze verursachte Blattflecken auf.

Walnussfruchtfliege

Neben den bekannten Krankheiten breitet sich seit dem Ende der 1980er-Jahre die aus Nordamerika stammende Walnussfruchtfliege *(Rhagoletis completa)* in Europa aus. Die Fliege legt ihre Eier in der Hülle unreifer Früchte ab. Die grüne Hülle färbt sich daraufhin schon vor der Fruchtreife schwarz und beginnt zu faulen. Bei trockener Witterung klebt die schwarze Hülle an der Nussschale und lässt sich kaum davon lösen. Bei anhaltend feuchter Witterung fault auch die holzige Schale und schließlich der Kern. Die Früchte selbst leiden schon bei leichtem Befall qualitativ und sind in der Regel nicht mehr für den Verzehr verwendbar.

Andere Schädlinge

Die Raupen verschiedener Schmetterlingsarten richten durch Blattfraß geringe Schäden an. In warmen Regionen kann es vorkommen, dass **Apfelwickler** ihre Eier an den Früchten der Walnuss ablegen. Die Raupe des Kleinschmetterlings frisst sich in die Frucht ein und zerstört den Kern, der danach ungenießbar ist. Erkennbar ist ein Befall am Einbohrloch und den Kotkrümeln, die durch dasselbe ausgestoßen werden. Ein probates Mittel gegen Apfelwickler an Walnüssen ist das Anbringen von Lockstofffallen, wie es im Obstbau inzwischen üblich ist. Auch Fallen (z. B. Manschetten aus Wellpappe) für die ab Mitte Juni am Stamm hochkriechenden Raupen können größere Ernteausfälle vermeiden.

Ein Befall mit **Schmierläusen** oder **Walnussblattläusen** tritt selten auf und braucht in der Regel nicht bekämpft zu werden.

Manchmal treten an Walnussblättern bis 10 mm große, blasige Aufwölbungen auf. An der Blattunterseite zeigen diese Deformationen einen filzigen Belag. Die Ursache sind **Gallmilben** *(Eriophyes erineum, Acerina erinea)*, die an den Blättern saugen. In der Regel ist ein Befall für den Baum unproblematisch und bedarf keiner Bekämpfung.

Nicht zuletzt sei darauf hingewiesen, dass Eichhörnchen, Eichelhäher, Mäuse und andere **Wildtiere** die köstlichen Nüsse genauso schätzen wie wir Menschen. Wenn herabgefallene Nüsse nicht bald aufgesammelt werden, können sie zur leichten Beute der Wildtiere werden.

Haselnüsse

Die Haselnuss hat seit vielen Jahrhunderten nicht nur einen festen Platz in unserer Ernährung und in Volksbräuchen, sondern spielt als einheimisches Gehölz im ökologischen Gleichgewicht unserer Natur eine wichtige Rolle. Wenn im Herbst die hellbraunen, rundlichen Nüsse aus ihren Hüllen fallen, ist das nicht nur für die Menschen ein Fest: Viele Wildtiere wie Eichhörnchen, Häher und Kleinsäuger freuen sich genauso über die fetten Happen. Weil ein Haselnussstrauch im Gegensatz zu Walnuss- und Esskastanienbäumen nur eine geringe Größe erreicht und überdies sehr schnittverträglich ist, sollte er in keinem naturnahen Hausgarten fehlen!

(Foto: Siegfried Schnepf/fotolia.com)

Botanisches Wissen

(Foto: pixwork/istockphoto.com)

Die Gemeine Hasel *(Corylus avellana)* gehört zur Familie der Birkengewächse (Betulaceae). Die Familie umfasst etwa 15 Gattungen. Die Hasel ist ein aufrecht wachsender, bis 6 m hoher, sommergrüner Strauch, der durch Schösslingsbildung vielstämmig wächst. Die Schösslinge können im Alter einen Durchmesser von 15–20 cm erreichen. Die Hasel hat neben einer Pfahlwurzel starke, oberflächennahe, aber nicht sehr weit reichende Seitenwurzeln. Haselsträucher können etwa 100 Jahre alt werden. Das Holz der Hasel ist hart und schwer, aber wenig dauerhaft. Der Strauch bildet keine richtige Borke aus, sondern eine graubraune, glatte, glänzende dünne Rinde, die im Alter längsrissig wird.

Die Triebe der Haselnuss sind mit einer dünnen glänzenden Rinde überzogen.
(Foto: Frank von Berger)

Das Laub

Die mittelgrünen, wechselständigen, kurz gestielten Blätter sind breit herzförmig, grob doppelt gezähnt, 6–10 cm lang und fast genauso breit. Sie weisen eine kurze Spitze auf. Die Blattbasis ist oft etwas asymmetrisch. Die Blattoberseite ist wesentlich dunkler als die Blattunterseite. Kurz nach dem Laubaustrieb, der im April erfolgt, fallen die zwei kleinen eiförmigen Nebenblätter ab.

Blüten und Früchte

Die Hasel ist einhäusig getrenntgeschlechtlich (monözisch), das bedeutet, dass sich männliche und weibliche Blüten am selben Strauch befinden. Die männlichen Blüten stehen in 8–10 cm langen, überhängenden, gelbbraunen Kätzchen zusammen, die weiblichen Blüten sind – bis auf die roten fädigen Narben – in kleinen Knospen verborgen.

Die Hasel gehört zu den am frühesten blühenden Gehölzen unserer Breiten. Bei milder Witterung öffnen sich die Blüten schon Ende Januar/Anfang Februar, in kälteren Jahren erst ab März. Die Bestäubung erfolgt durch den Wind, obwohl die Blüten eine wichtige Insektennahrung darstellen. Die zahlreich freigesetzten Pollen (ein Kätzchen besitzt bis zu zwei Millionen Pollenkörner!) sind für Allergiker eine große Belastung.

Die männlichen Blütenkätzchen der Haselnuss enthalten zahlreiche Pollen, die Allergikern das Leben schwer machen. (Foto: Johannes Menk/fotolia.com)

Die weiblichen Blüten der Haselnuss sind eher unscheinbar – aus ihnen entwickeln sich die Nüsse. (Foto: Robert Mertl/fotolia.com)

Aus den bestäubten weiblichen Blüten entwickeln sich einsamige Nussfrüchte, die in einer glockenförmigen Fruchthülle (Cupola) mit geschlitztem Rand sitzen. Die Nüsse sind 16–18 mm lang, eirund und seitlich leicht zusammengedrückt. Sie besitzen am Boden einen großen hellen Nabel und am anderen Ende eine angedeutete Spitze. Unreife Nüsse sind außen grün. Wenn die Nüsse im August/September reifen, nehmen sie eine mittelbraune Färbung an. Haselnüsse sind sogenannte Plumpsfrüchte und fallen von selbst aus den Fruchthüllen.

Lambertsnuss

Die Lambertsnuss *(Corylus maxima)* ist der Hasel im Aussehen sehr ähnlich, erreicht aber größere Wuchshöhen als diese. Die Blätter sind bei der Lambertsnuss etwas länglicher geformt als die der Hasel und schimmern im Austrieb oft rötlich. Vor allem bei der Sorte 'Purpurea', die ihr tiefschwarzrotes Blätterkleid den ganzen Sommer über trägt. Die Nussfrüchte sind länglicher und größer (bis 25 mm). Sie sitzen in tütenförmigen, zerschlitzten, samtig behaarten Fruchtbechern, die zu mehreren am Zweig zusammenstehen und oft über die Zeit der Reife hinaus am Baum hängen bleiben. Die Nüsse fallen in der Regel nicht von selbst aus den langen Fruchtbechern.

Partner gesucht

Die Hasel ist nicht selbstfruchtbar. Damit Nüsse geerntet werden können, ist also eine Befruchtersorte in unmittelbarer Nähe erforderlich. Entweder pflanzt man verschiedene Haselnusssorten oder setzt zu einer Kultursorte eine Wildhasel, die sich ebenfalls als Befruchter eignet. Selbst bei schwachem Wind werden die Pollen bis zu 18 Meter weit verbreitet und können einen anderen Strauch befruchten.

Lambertsnüsse bleiben oft bis zum folgenden Frühjahr am Strauch hängen. (Foto: Frank von Berger)

Herkunft und Verbreitung

(Foto: Aleksander Bolbot/istockphoto.com)

Als einzige der in diesem Buch behandelten Nussfrüchte und nussähnlichen Baumfrüchte ist die Hasel ein in nahezu ganz Westeuropa seit der letzten Eiszeit einheimisches Gewächs.

Ihr natürliches Verbreitungsgebiet reicht von Skandinavien und Nordrussland bis zum Kaukasus. In Südeuropa kommt die Hasel nur in Mittelgebirgen vor. Sie wächst vorwiegend in lichten Laub- und Auwäldern, an Waldrändern und Gebüschsäumen. Im Norden des Verbreitungsgebiets liegt die Höhengrenze bei rund 800 m. Im Süden, etwa in Kärnten, wächst sie bis in Höhen von 1600 m.

„Haselzeit" in Mitteleuropa

Die Hasel wanderte nach der letzten Eiszeit aus dem südwestlichen Europa nach Mitteleuropa ein. Pollenfunde belegen, dass die Hasel in der Mittelsteinzeit, zwischen 7000–6000 v. Chr., die dominierende Gehölzart in Mitteleuropa war. Sie verdrängte hier über weite Strecken die Birke und die Kiefer. Man spricht daher von diesem Zeitraum auch von der „Haselzeit".

Die rasche Eroberung fast ganz Europas durch die Hasel wird mit der Ausbreitung des Menschen in Verbindung gebracht, der die nahrhaften Samen auf seinen Wanderungen über weite Strecken transportierte, und so bewusst oder durch Anlegen von Winterquartieren für ihre Verbreitung sorgte. Später wurden die Haselbestände von Eichenmischwäldern zurückgedrängt.

Magische Haselsträucher

Noch heute kommt die Hasel meist in der Nähe menschlicher Siedlungen vor. Schon in der Steinzeit spielte sie als Nahrungspflanze eine wichtige Rolle, und bis in die frühe Neuzeit rankten sich allerlei Gerüchte um die magische Kraft der Haselsträucher, was ihre große Bedeutung für den Menschen zu allen Zeiten dokumentiert. So waren Wünschelruten traditionell aus Haselholz gefertigt und Haselsträucher sollen die Fähigkeit besitzen, störende Erd- und Wasserstrahlen abzuleiten.

Heimat der Lambertsnüsse

Das natürliche Verbreitungsgebiet der Lambertsnuss, auch Lamberthasel genannt, zieht sich von Kroatien über Mazedonien bis nach Nordgriechenland. Auch im nördlichen Kleinasien bis zum Kaukasus gibt es natürliche Vorkommen. Lambertsnüsse, darauf verweist auch der volkstümliche Namen Lampertische (= lombardische) Nuss, gelangten aus der italienischen Lombardei nach West- und Nordeuropa. Heute in West- und Mitteleuropa wachsende Lambertsnüsse wurden vom Menschen gepflanzt. Wegen der langen, zerschlitzten Fruchthülle, die sich eng um die ganze Nuss legt, nennt man sie auch Bartnuss oder Hosennuss. Sie ist etwas frostempfindlicher als die robuste Hasel und braucht auch mehr Feuchtigkeit.

(Foto: Bildagentur Waldhäusl/ArcoImages/De Meester)

Haselnüsse vermehren

Natürlich kann man Haselnüsse ganz einfach aussäen, denn schon im Herbst nicht geerntete Nüsse keimen im Boden und wachsen zu neuen Pflanzen heran. Sortenreine Nachkommen gewinnt man aber nur durch ungeschlechtliche Vermehrung (Stecklinge, Absenker und Ableger). Diese vegetative Vermehrung erzeugt wurzelechte Klone.

ABLEGER UND ABSENKER gewinnt man durch Anhäufeln von Trieben, die dann bewurzeln und später von der Mutterpflanze abgetrennt werden können.

VEREDELN Um die Sträucher als Hochstamm zu kultivieren, werden Haselnüsse mitunter auf Unterlagen von Baum-Hasel *(Corylus colurna)* veredelt (gepropft). Der Vorteil einstämmig als Hochstamm erzogener Haseln ist vor allem die leichtere Ernte.

> **TIPP** **Veredelte Haselnusshochstämme bilden keine Seitentriebe – sie sind daher pflegeleichter.**

Man kann auch nicht veredelte Haselnusssträucher als einstämmige Halb- und Hochstämme erziehen. Diese Pflanzen bilden an der Basis jedoch immer wieder Neutriebe, die mechanisch entfernt (gerodet) werden müssen, damit der Hoch- oder Halbstamm nicht verstraucht.

Baum-Hasel

Die Baum-Hasel *(Corylus colurna)*, auch Türkische Hasel genannt, ist ein bis 15 m hoher und bis 8 m breiter Baum mit konischer Krone. Die im Herbst reifenden Früchte sitzen in zerschlitzten Hüllblättern in kleinen Büscheln am Baum. Sie sind zwar essbar, schmecken aber fade.
Der Baum wird meist wegen seiner Zierwirkung gepflanzt, dient aber auch als Unterlage für einstämmige Veredelungen von Gewöhnlichen Haselnüssen. Hybriden aus Gewöhnlicher Hasel und Baumhasel sind seit rund 150 Jahren bekannt und werden botanisch als *Corylus* × *colurnoides* oder *Corylus* × *intermedia* bezeichnet.

(Foto: Bildagentur Waldhäusl/ArcoImages/C. Huetter)

Verwendung im Garten

(Foto: Bildagentur Waldhäusl/Panthermedia/Hanns-Joachim Recksiek)

Im Gegensatz zu den große Kronen bildenden Walnuss-, Esskastanien- und Mandelbäumen sind Haselsträucher auch gut für kleinere Gärten geeignet. Sie werden zwar meist als Nutz- und nicht als Ziergehölze in den Garten gesetzt, aber die Hasel ist ein robustes Gehölz, das als Hecke schnittverträglich ist, wegen ihres raschen Wuchses schon nach wenigen Jahren einen guten Wind- und Sichtschutz bietet und in größeren Gärten als markanter Blickfang auch in Einzelstellung gepflanzt werden kann.

Besonders gartenwürdig sind auf Baumhasel *(Corylus colurna)* veredelte Halb- und Hochstämmchen. Sie bilden dekorative, mittelgroße Kronen und kaum oder gar keine Schösslinge. Daher können sie gut mit Frühjahrsblühern und Blumenzwiebeln unterpflanzt werden.

Haselsträucher im Nutzgarten eignen sich übrigens hervorragend dazu, den Kompostplatz zu beschatten. Sie sind im zeitigen Frühjahr eine wichtige Bienenweide, und die Früchte sind, wenn man sie nicht selbst erntet, eine willkommene Nahrung für Vögel und Kleinsäuger. Wer eine reiche Ernte anstrebt, sollte daran denken, eine zweite Sorte als Befruchter zu pflanzen.

Rotblättrige Sorten

Die rotblättrigen Lamberts- und Zellernüsse werden nicht nur, aber auch wegen ihrer Früchte gepflanzt. Sie besitzen durch ihre purpurne Belaubung einen hohen Zierwert:

DIE PURPURBLÄTTRIGE GROSSE HASEL
(Corylus maxima 'Purpurea'*)*, auch Bluthasel genannt, behält ihre dunkelrote Belaubung am richtigen Standort (vollsonnig) die ganze Vegetationsperiode über.

DIE ROTBLÄTTRIGE ZELLERNUSS
(Corylus avellana 'Fuscorubra'*)* treibt dagegen zwar rot aus, aber die Blätter vergrünen im Frühsommer.

Rotblättrige Gehölze sind wegen ihrer Schmuckwirkung eine wertvolle Bereicherung im Garten. Man sollte sie jedoch mit Maßen einsetzen, da zu viele rotlaubige Gehölze nebeneinander einen düsteren Eindruck machen.

Rotblättrige Sorten werden meist wegen ihrer Zierwirkung im Hausgarten gepflanzt.
(Foto: vnLit/fotolia.com)

Nutzung der Ruten

Die Schösslinge („Haselruten") wachsen im ersten Jahr steil nach oben und verzweigen sich erst im zweiten Jahr. Daher können die schlanken, biegsamen Ruten vor dem Laubaustrieb im Spätwinter geschnitten und zu dekorativen Zäunen geflochten werden, die jahrelang halten. In den Boden gesteckte Ruten wurzeln ähnlich rasch an wie Weidenruten und treiben dann wieder aus. Die relativ festen Schösslinge dienen auch als Stützen im Zier- und Nutzgarten, etwa zum Stäben von Stauden oder zum Aufleiten von Stangenbohnen.

Aus den schlanken, biegsamen Haselruten lassen sich dekorative Zäune für den Bauerngarten flechten. (Foto: Frank von Berger)

Korkenzieherhasel

Die bizarr gewundenen Zweige der Korkenzieherhasel *(Corylus avellana* 'Contorta'*)* gehen auf eine Spontanmutation zurück, die um 1900 in England entdeckt wurde. Die Triebe sind vor allem im Winter ein dekorativer Blickfang. Der Strauch kann nur vegetativ vermehrt werden und wird allein seiner Zierwirkung, nicht wegen der Nüsse angepflanzt.

(Foto: Mariocopa/pixelio.de)

Arten und Sorten

Haselnusssträucher werden in vielen Baumschulen ohne Sortenbezeichnung angeboten. Allenfalls unterscheidet man im Handel zwischen Zellernüssen und Lambertsnüssen. Auch rotblättrige Sorten werden mitunter gesondert angeboten. Wenn man eine bestimmte Sorte sucht, sollte man nachfragen. Oft kann die gewünschte Sorte von einer Baumschule über interne Tauschbörsen beschafft werden. Eine weitere Möglichkeit bietet das Internet. Dort findet man oft das Gesuchte – wenn auch nicht immer in der Nähe des eigenen Wohnorts. Doch heutzutage sind viele Baumschulen darauf eingerichtet, Gehölze zur Pflanzzeit auf Rechnung zu versenden.

Sorten der Zellernuss *(Corylus avellana)*

'COSFORDS ZELLERNUSS' ♠ (Synonym: 'Verbesserte Cosford'): Mäßig robuste, kräftig wachsende Liebhabersorte mit regelmäßigen Erträgen. Die großen, weichschaligen Nüsse sind sehr wohlschmeckend und gut lagerfähig.

'HALLESCHE RIESEN' ♠ (Synonyme: 'Große Runde Spanische', 'Pferdenuss', 'Pfundsnuss', 'Große Zellernuss'): Starkwüchsiger, breiter Strauch, der hohe Erträge liefert. Die Frucht ist

'Hallesche Riesen'
(Foto: Hans Roland Müller/botanikfoto.com)

sehr groß, hat aber nur einen mäßigen Geschmack. Ein guter Partner zur Befruchtung ist 'Webbs Preisnuss'.

'Nottinghams Fruchtbare' ❦ (Synonyme: 'Frühe Nottingham', 'Nottingham Prolific'): Die im 18. Jahrhundert im englischen Nottinghamshire gezüchtete, robuste Sorte reift auch bei widriger Witterung gut aus. Die Nüsse haben einen erlesenen Geschmack und der Ertrag ist sehr hoch.

'Römische Zellernuss' ❦ (Synonyme: 'Atlas-Nuss', 'Camponia', 'Große Runde Nuss aus Monza', 'Piemonteser Zellernuss', 'Sizilianer Nuss'): Eine mäßig robuste, dominante Sorte, die viel Platz braucht. Die Früchte sind süß, fein und weich.

'Rote Zellernuss' ❦ Sehr robuste Liebhabersorte, auch für Selbstversorger geeignet, mit rotem Laub, das im Sommer zu schmutzigem Braun verblasst. Die Früchte sind mittelgroß, dünnschalig, sehr gut lagerfähig und von hoher Qualität.

'Wunder von Bollweiler' ❦ (Synonyme: 'Weißmanns Zellernuss', 'Merveille de Bollwiler'): Stark breit-aufrecht wachsender, sehr robuster Strauch. Die sehr große, schwere Nuss hat eine gute Fruchtqualität, einen milden Geschmack und ist sehr gut lagerfähig. Der Ertrag ist hoch.

Sorten der Lambertsnuss (*Corylus maxima*)

'Rote Lambertsnuss' ❦ (*Corylus maxima* 'Purpurea'; Synonyme: Rotnuss, Blutnuss, Ruhrnuss, Lange Rote, Hosen-Nuss): Mittelstark wachsender, mäßig robuster Strauch mit rotem Laub. Die Früchte sind mittelgroß, länglich, rotbraun und stecken in einer sehr langen Hülle. Sie sind gut lagerfähig und der Strauch liefert reiche Erträge.

'Weisse Lambertsnuss' ❦ (*Corylus maxima*): Stark wachsender, robuster Strauch mit grünem Laub. Die Früchte sind länglich, mittelgroß und stecken in einer sehr langen Hülle. Der Ertrag ist reich.

'Rote Zellernuss'
(Foto: Hans Roland Müller/botanikfoto.com)

Blattaustrieb und Kätzchen der Roten Lambertsnuss. (Foto: Frank von Berger)

(Foto: tanya shkondina/istockphoto.com)

Haselnüsse für Genuss und Gesundheit

Die meisten bei uns im Handel erhältlichen Haselnusskerne stammen in Wirklichkeit von der Lambertsnuss, da die Nüsse etwas größer und wohlschmeckender sind als die der Gemeinen Hasel.

Der mit Abstand weltweit größte Haselnussproduzent ist die Türkei, gefolgt von Italien, den USA und Spanien. Größter Importeur von Haselnüssen ist Deutschland, aber auch Österreich importiert wegen seiner Süßwarenindustrie große Mengen Haselnüsse, die zu Nougat, Krokant, Brotaufstrich („Nuss-Nougat-Creme"), Backwaren, Speiseeis und anderen Süßwaren verarbeitet werden.

INHALTSSTOFFE ❧ Haselnüsse schmecken nicht nur gut, sie sind auch sehr nahrhaft und gesund – Schlankmacher sind sie jedoch nicht, da sie wie alle Nüsse sehr fetthaltig und kalorienreich sind. In 100 g essbarem Nussanteil sind durchschnittlich 62 g Fett enthalten (davon der größte Teil einfach und mehrfach ungesättigte Fettsäuren). Sie sind cholesterinfrei und beinhalten etwa 12 g Eiweiß und 11 g Kohlenhydrate. Der Brennwert von 100 g Haselnusskernen beträgt rund 650 kcal, was einer vollwertigen Mahlzeit entspricht.

Was die Haselnusskerne so wertvoll macht, sind vor allem die Vitamine und Mineralien, darunter die Vitamine A, B_1, B_2, B_3 (Niacin), B_6, B_9 (Folsäure), C und E sowie Kalzium, Eisen, Phosphor und Kalium. Besonders die B-Vitamine sind Gehirn- und Nervennahrung. Die in den Nüssen enthaltenen Öle mit mehrfach ungesättigten Fettsäuren stärken das Herz-Kreislauf-System, Ballaststoffe und sekundäre Pflanzenstoffe unterstützen das Verdauungssystem.

VITALISIERENDE EIGENSCHAFTEN ❧ Hildegard von Bingen urteilte abfällig über die Haselnuss: „Der Haselbaum ist ein Sinnbild der Wollust, zu Heilzwecken taugt er kaum." Was sollte sie als Äbtissin auch sonst dazu sagen!

Mit der Assoziation Nuss gleich Lust war sie nicht allein. Schon seit alters her werden Nüsse mit Fruchtbarkeit und Sexualität in Verbindung gebracht. Das liegt wohl nicht zuletzt daran, dass sie in konzentrierter Form einen hohen Nährwert und zahlreiche Vitalstoffe in sich vereinen und damit die Lebensgeister wecken. Neben dem Verzehr der Nüsse wurde einst auch empfohlen, mit zu Pulver gebrannter Haselrinde und mit Haselnussöl lendenlahmen Gatten wieder auf die Sprünge zu helfen.

HEILWIRKUNG ❧ In der Pflanzenheilkunde spielt die Haselnuss keine Rolle mehr. Früher galten Haselkätzchen jedoch als fiebersenkendes und schweißtreibendes Mittel, und die Blätter wurden innerlich als Tee gegen Durchfall und äußerlich als Waschung gegen Hautentzündungen verwendet. Die Homöopathie behandelt, ganz nach ihrer Devise „Ähnliches durch Ähnliches heilen", durch Haselnusspollen ausgelösten Heuschnupfen mit Haselnussextrakten.

Pflanzung, Pflege und Ernte

(Foto: Marga Werner/botanikfoto.com)

Haselnusssträucher sind sehr anpassungsfähig. Obwohl das Holz vollständig frosthart ist, sind die Sträucher sehr wärmeliebend. Da die Kätzchen frostempfindlich sind, ist ein geschützter Standort Voraussetzung für eine ertragreiche Ernte.

Haselnusssträucher gedeihen am besten an sonnigen bis halbschattigen Standorten in nicht zu trockenen bis feuchten, humosen, lehmhaltigen, schwach sauren bis kalkhaltigen Böden (pH-Wert zwischen 6,0 und 8,0). Die Wurzeln sind flach, intensiv und weitreichend, die Sträucher reagieren empfindlich auf verdichtete Böden.

Richtig pflanzen

Die beste Pflanzzeit ist der Herbst, in Ausnahmefällen auch das Frühjahr. Weil Haselnüsse hauptsächlich Flachwurzler sind, genügt es, den Boden etwa zwei Spaten tief zu lockern. Dabei kann man reichlich reifen Kompost sowie etwas Horn- oder Knochenmehl (100 g/m^2) einarbeiten. Das Pflanzloch sollte doppelt so breit und tief sein wie der Wurzelballen der Pflanze. Bei Halb- und Hochstämmen ist ein Stützpfahl nötig, der möglichst vor dem Einsetzen der Pflanze eingeschlagen wird.

Die Pflanze wird genauso tief oder etwas höher ins Pflanzloch gesetzt, wie sie in der Baumschule oder im Container stand. Beim Einsetzen darauf achten, dass die Wurzeln flach ausgebreitet im Pflanzloch liegen. Dann die Erde einfüllen, festtreten, einen Gießrand formen und gründlich angießen. Auch in der folgenden Zeit darauf achten, dass der Boden nicht austrocknet. Ab dem zweiten Standjahr kann sich der Haselstrauch dann selbst versorgen.

TIPP Falls größere Bestände gepflanzt werden, sind ein Reihenabstand von mindestens 4 m und ein Abstand in der Reihe von mindestens 2,5 m empfehlenswert.

Pflege

Haselnusssträucher sind sehr pflegeleicht. Sie müssen – außer in sehr trockenen Regionen – im Sommer nicht einmal gewässert werden. Um die Fruchtbarkeit zu steigern, kann im Frühjahr eine Mulchschicht aus reifem Kompost ausgebracht werden. Wegen der flach unter der Oberfläche verlaufenden Wurzeln sollte eine Bodenbearbeitung im Wurzelbereich möglichst unterbleiben. Bei eintriebig gezogenen Sträuchern müssen aus dem Boden sprießende Nebentriebe regelmäßig gerodet werden. Außer der Kontrolle auf möglichen Schädlingsbefall und einen gelegentlichen Verjüngungsschnitt besteht kein Pflegebedarf.

HASELNUSSSTRÄUCHER SCHNEIDEN

Die beste Zeit für einen Rückschnitt ist der Spätwinter oder das zeitige Frühjahr. Um die Fruchtbarkeit zu erhalten, sollten alle drei bis vier Jahre alte, abgetragene Triebe möglichst bodennah herausgeschnitten werden. Bei einem **Auslichtungsschnitt** bleiben nur sechs bis acht fruchtende und kräftige Triebe stehen. Sich kreuzende und schwache Äste werden herausgeschnitten. Haselnusssträucher sind sehr gut schnittverträglich und vertragen selbst radikale Rückschnitte problemlos.

Wenn ein Strauch überaltert und sehr dicht gewachsen ist, hilft manchmal nur noch das „auf den Stock setzen", also ein **Rückschnitt** fast aller Triebe bis auf den Boden. Stehen bleiben nur die gesunden Jungtriebe, die das neue Gerüst bilden. Während der nächsten beiden Jahre werden alle Neutriebe entfernt, danach kann dann auf ein geregeltes Auslichten umgestellt werden.

Ernte und Lagerung

Haselnüsse reifen in der Regel im September. Man erkennt den Zeitpunkt der Reife daran, dass die unteren Schalenhälften eine bräunliche Färbung annehmen. Zur Sicherheit knackt man probeweise eine Nuss. Der Kern sollte sich leicht lösen und süßlich schmecken.

Haselnüsse fallen im Herbst vom Strauch und können einfach aufgesammelt werden.
(Foto: Frank von Berger)

Kommerzielle Ernte

Im erwerbsmäßigen Anbau werden die reifen Nüsse zur Erntezeit mit Gebläsen oder dem von Helikoptern erzeugten Wind vom Strauch geholt, mit Laubbläsern auf Haufen geblasen und dann mit einem Sammler mechanisch aufgenommen. Durch Worfeln (bei Wind in die Luft werfen) werden die trockenen Hüllen, Blätter und Verunreinigungen aussortiert. Danach werden die Nüsse in Trockenanlagen bei Temperaturen von höchstens 25 °C zwei bis fünf Tage getrocknet. Nach dem Trocknen (maximal 10 Prozent Wassergehalt) sind die Nüsse ein Jahr haltbar.

ZELLERNÜSSE (die Nüsse von *Corylus avellana*-Sorten) fallen bei leichter Berührung meist von selbst aus den Hüllen. Hier genügt es oft schon, die Sträucher zu schütteln, um die gesamte Ernte vom Strauch zu holen. Die herabgefallenen Nüsse werden dann umgehend aufgesammelt, damit sie nicht zur leichten Beute von Eichhörnchen, Mäusen und Vögeln werden.

LAMBERTSNÜSSE müssen gepflückt werden, da sie in den langen Fruchthüllen am Strauch hängen bleiben. Vor dem Trocknen löst man die Nüsse aus den Fruchthüllen heraus.

Die frischen Nüsse werden auf flachen Holzsteigen oder in Sieben in der Sonne oder auf einem gut durchlüfteten Dachboden etwa drei bis vier Wochen getrocknet. Um Schimmelbefall vorzubeugen, müssen die Nüsse täglich gewendet werden. Danach können die ungeknackten Nüsse an einem kühlen, trockenen Ort im Haus aufbewahrt werden und halten bis zu drei Jahre, ohne ranzig zu werden.

Krankheiten und Schädlinge

(Foto: Hedwig Storch/Wikimedia Commons)

Als einheimisches Gehölz dient die Haselnuss naturgemäß zahlreichen Insekten als Wirtspflanze. Manche sind sogar ausschließlich auf sie spezialisiert. Blattfraß verursachen unter anderem **Rüssel-** und **Blattkäfer** sowie die **Raupen** verschiedener Schmetterlingsarten, darunter Spanner-, Eulen- und Spinnerraupen. Die Wurzeln können durch Fraß von Maikäferengerlingen und Waldmäusen geschädigt werden.

Zikaden

Weisen die Blätter der Haselnusssträucher eine silbrige Sprenkelung auf, sind **Zikaden** die Ursache: Haselnusszikade *(Oncopsis avellanae)*, Ochsenlaubzikade *(Edwardsiana avellanae)* oder Dornenlaubzikade *(Edwardsiana spinigera)*. Die kleinen Insekten springen bei Berührung der Pflanzen in hohem Bogen davon.

BEKÄMPFUNG In die Haselnusssträucher gehängte Gelbtafeln, an denen die Insekten kleben bleiben, helfen bei der Bekämpfung.

Milben

Im Frühjahr unnatürlich groß aufgeblähte Knospen weisen auf einen Befall mit der nur 0,2 mm großen und daher für das menschliche Auge fast unsichtbaren **Haselnussgallmilbe** *(Phytocoptella avellanae)* hin. Die Milben wandern vor allem im Mai und im Juli/August und überwintern im Schutz der verdickten Blattanlagen (Gallen).

BEKÄMPFUNG Zur Bekämpfung genügt es, befallene Triebe auszuschneiden und zu vernichten.

Läuse

Die auf die Haselnuss spezialisierte **Haselnussblattlaus** *(Corylobium avellanae)* und die **Pflanzenlaus** *(Myzocallis coryli)* schädigen die Pflanzen durch ihre Saugtätigkeit, bei der sie mit ihrem Speichel auch Viren- und Bakterienerkrankungen übertragen können. Die Läuse werden oft erst durch ihre klebrigen Ausscheidungen auf den Blättern bemerkt, da sie sehr versteckt leben. Der sogenannte Honigtau fördert auch einen Befall mit Schimmelpilzen.

BEKÄMPFUNG Gegen Blatt- und Pflanzenläuse spritzt man mit verdünnter Brennnesseljauche. Dabei müssen auch die Blattunterseiten benetzt werden, da sich die Läuse bevorzugt dort aufhalten. Die Läusekolonien werden oft von Ameisen gepflegt und verteidigt, die den Honigtau „ernten". Man erkennt das an dem emsigen Auf- und Ablaufen der Insekten an den Trieben. Deshalb ist langfristig neben der Läusebekämpfung auch eine Vergrämung der Ameisen sinnvoll.

Haselnussbohrer

Von allen Krankheiten und Schädlingen an der Haselnuss ist der Haselnussbohrer *(Curculio nucum)* die am häufigsten auftretende Plage. Er richtet auch die größten Schäden an. Der etwa 7 mm große, hell- bis dunkelbraun gefärbte Rüsselkäfer hat einen auffällig langen Rüssel und gekniete Fühler. Die Käfer fressen zunächst am Laub, bevor sie im Mai/Juni die grünen Früchte anbohren und meist ein Ei pro Nuss hineinlegen. Das Loch verfärbt sich rostrot, wächst aber bald wieder zu und wird dann unsichtbar. Die beinlosen Larven fressen etwa vier Wochen im Inneren der Nuss. Danach fällt die Nuss vom Baum, die Larve bohrt sich von innen nach außen durch die Schale und gräbt sich bis 25 cm tief in den Boden ein, wo sie sich später verpuppt.

Die Schäden bestehen hauptsächlich in Ernteausfällen, die bis zu 30 Prozent ausmachen können.

BEKÄMPFUNG Eine wirksame Bekämpfung erschöpft sich in der Kontrolle der reifenden Früchte. Vor der eigentlichen Reifezeit herabgefallene Nüsse sollten in jedem Fall sofort aufgesammelt, auf Löcher kontrolliert und gegebenenfalls vernichtet (verbrannt) werden.

Der Haselnussbohrer ist der häufigste Schädling an Haselnüssen. (Foto: Mathias Krumbholz/Wikimedia Commons)

Krankheiten

Haselnusssträucher sind in der Regel recht robust und haben selten Krankheiten. Die am häufigsten auftretenden Infektionen werden durch Pilze verursacht. Echter Mehltau tritt bei Haselnusssträuchern gelegentlich auf, braucht aber meist nicht bekämpft zu werden. In Jahren mit feuchter Witterung kann **Grauschimmel** *(Botrytis cinerea)* die Früchte schädigen. Auch verschiedene **Pilze** wie *Monilinia fructigena*, *Fusarium lateritium* und *Nematospora coryli* können bei anhaltend feuchter Witterung Fruchtfäule verursachen. Da diese Schimmelpilze schon in kleinen Mengen giftig sind, sollten befallene Nüsse auf keinen Fall verzehrt, sondern konsequent vernichtet werden.

BEKÄMPFUNG Vorbeugend gegen Pilzbefall wirken ein optimaler, gut belüfteter Standort, eine ausreichende Versorgung mit Wasser und Nährstoffen, sowie ein gelegentliches Auslichten der Sträucher, um die Luftzirkulation zu verbessern.

Nützlinge fördern

Als wirksamer Schutz vor Blattfraß durch Insekten und deren Larven sowie einem massiven Befall mit Blatt- und Pflanzenläusen können Vogelnistkästen in die Nähe der Gehölze gehängt werden. Meisen sind besonders eifrige Vertilger von Läusen, mit denen sie im Frühjahr ihre Brut füttern. Auch Spitzmäuse, Igel, Schlupfwespen und andere Nützlinge gehören zu den natürlichen Feinden der Schadinsekten. Eine naturnahe Gartenanlage und das Fördern einer Ansiedlung von Nützlingen durch Anbieten geeigneter Brutmöglichkeiten und Verstecke hält die Anzahl der Schädlinge meist im erträglichen Rahmen und macht eine weitere Bekämpfung überflüssig.

Esskastanien

Wenn im Herbst die glänzenden braunen Esskastanien aus den stacheligen Hüllen springen, ist das ein Fest für kleine und große Genießer. Esskastanien oder Maroni, wie sie vielerorts auch genannt werden, sind im Herbst auf dem Feuer geröstet eine leckere Knabberei und gekocht oder als Püree eine köstliche Beilage zu herzhaften Fleischgerichten. Früher waren die gehaltvollen, gesunden Früchtchen ein wichtiges Grundnahrungsmittel in den Bergregionen Südeuropas. Dort kennt man auch mehrere Hundert Sorten dieses wärmeliebenden Baums. In unseren Breiten trägt er nur im Weinbauklima zuverlässig Früchte, dann aber meist reichlich und über viele Jahrzehnte. Ein guter Grund, den schönen Baum als Hausbaum in den Garten zu pflanzen!

(Foto: Bildagentur Waldhäusl/McPhoto)

Botanisches Wissen

(Foto: Frank von Berger)

Esskastanien *(Castanea sativa)* sind sommergrüne Laubbäume mit geraden, kräftigen Stämmen und weit ausladender, rundlicher Krone. Junge Zweige sind hell rotbraun, die Borke älterer Äste und des Stamms ist graubraun und längsrissig. Esskastanien gehören zu den Buchengewächsen (Fagaceae). Die Gattung umfasst weltweit etwa zwölf Arten. Esskastanien sind nicht mit Rosskastanien *(Aesculus hippocastanum)* verwandt, die zu einer anderen Pflanzenfamilie, nämlich den Rosskastaniengewächsen (Hippocastanaceae) gehören. Esskastanienbäume wachsen 20–25 m hoch und können sehr alt werden. In Mitteleuropa erreichen sie meist nur ein Alter von etwa 200 Jahren. In mediterranen Regionen ist ein Alter von über 500 Jahren jedoch keine Seltenheit.

Die Borke der Esskastanie ist grobrissig.
(Foto: Frank von Berger)

Das Holz der Esskastanie hat einen warmen, goldbraunen Ton und ist nur schwach gemasert. Es ist leicht zu bearbeiten und relativ witterungsbeständig. Verwendet wird es traditionell für Gartenzäune und Fässer, aber auch als Möbel- und Bauholz sowie zum Schiffsbau.

Das Laub

Der Blattaustrieb erfolgt Ende April bis Anfang Mai. Die wechselständigen Blätter sind zunächst leicht behaart, verkahlen aber rasch. Sie haben eine elliptische bis lanzettliche Form, sind kurz gestielt, 15–30 cm lang und 5–8 cm breit, zugespitzt und am Grund keilförmig. Der Blattrand ist gezähnt. Die Oberseite der Blätter ist glänzend dunkelgrün, die Unterseite blassgrün. An der Unterseite treten die Blattadern deutlich hervor. Im Herbst färben sich die Blätter leuchtend gelb, kurz vor dem Abfallen dann braun.

Blüten und Früchte

Esskastanien sind einhäusig getrenntgeschlechtlich (monözisch). Das bedeutet, männliche und weibliche Blüten finden sich zwar auf einem Baum, aber in getrennten Blüten, die sich zu verschiedenen Zeiten im Juni/Juli, also einige Zeit nach dem Laubaustrieb öffnen. Die einzeln eher unscheinbaren Blüten stehen in 20–25 cm langen, cremefarbenen, kätzchenartigen Blütenständen in den Blattachseln der Jungtriebe zusammen. Sie sondern einen etwas strengen Geruch ab. Die Bestäubung erfolgt sowohl durch den Wind als auch durch Insekten.

Aus den befruchteten Blüten entwickeln sich im Lauf des Sommers stachelige, hellgrüne Fruchtbecher, die einen Durchmesser von 5–12 cm haben. Darin wachsen ein bis drei Nussfrüchte heran, die eine dunkelrotbraune, lederartige Schale und festes, cremefarbenes bis gelbes Fruchtfleisch haben. Bei Edelsorten können sie bis 3 cm groß werden, bei Wildbäumen bleiben sie deutlich kleiner.

Partner gesucht

Männliche und weibliche Blüten stehen zwar am selben Baum, öffnen sich aber zu unterschiedlichen Zeiten. Esskastanien brauchen daher eine fremde Befruchtersorte. Es gibt einige selbstfruchtbare Züchtungen, die aber ebenfalls bessere Erträge liefern, wenn sie durch eine Fremdsorte befruchtet werden. Zu den Blütezeiten der jeweiligen Sorten und einer geeigneten Befruchtersorte erkundigt man sich am besten beim Kauf in der Baumschule.

PLUMPSFRÜCHTE Esskastanien gelten als „Plumpsfrüchte", was so viel heißt, wie dass die reifen Früchte im September/Oktober von selbst vom Baum fallen und nicht geerntet werden müssen, sondern aufgesammelt werden können. Die Ausbreitung der Esskastanie erfolgt auf natürliche Weise durch Tiere, die im Herbst die nahrhaften Früchte als Wintervorrat im Boden verstecken, wo sie im folgenden Frühjahr keimen und zu neuen Bäumen heranwachsen. Aus Samen vermehrte Bäume tragen mit 25–35 Jahren erstmals Früchte, die zudem kleiner sind als die veredelter Bäume.

Die kätzchenförmigen Blüten der Esskastanie verströmen einen etwas unangenehmen Geruch.
(Foto: Frank von Berger)

Reife Esskastanien plumpsen vom Baum und können dann aufgesammelt werden.
(Foto: Frank von Berger)

Herkunft und Klima

(Foto: Frank von Berger)

Das natürliche Verbreitungsgebiet der Esskastanie ist heutzutage nicht mehr mit Sicherheit auszumachen. Nachdem sie als Obstbaum wahrscheinlich zwischen dem 9. und 7. Jahrhundert v. Chr. in der Region zwischen Kaspischem und Schwarzem Meer kultiviert worden war, begann die Esskastanie schon bald ihren Siegeszug rund ums Mittelmeer. Als natürliche Verbreitungsgrenze nach der letzten Eiszeit gelten die Regionen südlich der Alpen und der Pyrenäen, die Gebirge Bosniens, das Rhodopegebirge in Bulgarien und der Kaukasus. Auch im nördlichen Syrien und in nördlichen Regionen des Atlasgebirges in Nordafrika gibt es natürliche Vorkommen. Andere heutige Vorkommen verdanken ihre Existenz mit ziemlicher Sicherheit der Verbreitung durch den Menschen. So pflanzten wahrscheinlich bereits griechische Kolonisten in der Antike Esskastanienbäume in der Gegend von Marseille.

DIE ALTEN RÖMER Frühe Funde aus der Bronzezeit beweisen, dass Esskastanien schon vor den Römern nördlich der Alpen wuchsen. Die Legende, dass die Römer sie in Germanien einführten, ist also nicht wahr. Tatsächlich haben die Römer aber wesentlich zur Verbreitung der Esskastanie in Europa beigetragen. Auf ihren Eroberungsfeldzügen wollten sie nicht auf die köstliche und nahrhafte Baumfrucht verzichten, und so war es nur verständlich, dass sie auch ihre gewohnten Nahrungspflanzen in ihrem neuen Lebensraum etablieren. Noch heute gilt der Limes, also der nördliche Grenzwall des Römischen Reichs, als natürliche Grenze der wilden Esskastanienpopulation.

MILDES KLIMA Esskastanien sind sehr wärmeliebend. Größere Bestände gibt es daher nur in Regionen, die vom Klima begünstigt sind. Dazu zählen neben den mediterranen Küstenregionen auch Flusstäler und die Südhänge der Mittelgebirge. Die mittlere Jahrestemperatur sollte zwischen 8 und 15 °C liegen, sonst reifen die Früchte im Herbst nicht mehr richtig aus. Generell gilt, dass überall dort, wo Wein gedeiht, auch die Kultur von Esskastanien möglich ist. Die typischen Standorte sind sommertrockene, lichte Laubmischwälder milder Klimalagen.

Der Name der Kastanie

Die Griechen gaben der Frucht den Namen, der auf die antike Stadt Kastana in der Landschaft des Pontos verweist. Dort, an der Küste des Schwarzen Meers, sollen Esskastanien im großen Stil kultiviert worden sein. Die Römer latinisierten den griechischen Namen zu Castana, der im Deutschen zu Kastanie verballhornt wurde.

(Foto: Noluma/istockphoto.com)

Die Geschichte der Esskastanie

Obwohl die Esskastanie im Lauf der Jahrhunderte ein wechselvolles Ansehen genoss, darf man ihre Geschichte langfristig doch als eine Art Erfolgsstory sehen. Vom einstigen „Brot der Armen" wurde sie langsam aber sicher zu einer geschätzten Spezialität und gilt heute bei Gourmets als echte Delikatesse.

Das Brot der Armen

Wie kam die Esskastanie zu dem wenig schmeichelhaften Beinamen „Brot der Armen"?

Wichtiges Grundnahrungsmittel

Im frühen Mittelalter war die Esskastanie in Südeuropa ein wichtiges Grundnahrungsmittel. Allerdings eher für die arme Landbevölkerung, denn die reichen Städter bevorzugten Getreide. Anders in gebirgigen Regionen, wo der Anbau von Getreide problematisch war. Dort konnten Esskastanien die Landbevölkerung im Winter mit Nahrung versorgen. So konnte man Missernten und Engpässe bei anderen Nahrungsmitteln überbrücken und Hungersnöte vermeiden.

Vielseitige Früchte

Die Früchte waren nicht nur nahrhaft, sondern ließen sich auch – in verarbeiteter Form, etwa geräuchert oder als getrocknetes Mehl – gut über längere Zeiträume lagern. Sie standen außerdem in ausreichender Menge zur Verfügung, denn von einem erwachsenen Baum kann man zwischen 100 und 200 kg Früchte ernten. Weil die Bevölkerung in den folgenden Jahrhunderten immer weiter zunahm, wurden bis zum 18. Jahrhundert in vielen Regionen südlich der Alpen auch immer mehr Kastanienbäume gepflanzt, um die Grundversorgung der Menschen zu sichern. Vor allem die körperlich hart arbeitende Landbevölkerung ernährte sich damals in manchen Regionen fast ausschließlich von Esskastanien.

In den Südalpen der Schweiz gedeihen Esskastanien auch in höheren Lagen. (Foto: Bildagentur Waldhäusl/Arco Images/K. Hinze)

SCHLECHTER RUF 🌰 Oft wurden die fett- und stärkereichen Früchte auch zur Schweinemast verwendet, was ihrem Ruf weiter zusetzte – wer wollte schon das Gleiche essen wie das Vieh? Wer es sich damals leisten konnte, verbannte die Esskastanie daher von seinem Speisezettel.

„Ein Baum pro Kopf"

In den steilen, abgelegenen Tälern der italienischen und schweizerischen Südalpen und auch in den Balkanländern und anderen ländlichen Regionen Südeuropas rechnete man damals „einen Baum pro Kopf". Tatsächlich genügt die Ernte eines Baums, um ein Jahr lang die Versorgung eines Menschen mit Kohlenhydraten zu sichern. Bevor das Tessin im 20. Jahrhundert zu einer Domäne reicher Rentner wurde, durften dort früher mittellose Familien auf der Allmende, dem öffentlichen Grund, so viele Kastanienbäume pflanzen, wie sie zum Sattwerden brauchten. Der Baum wurde markiert und die Ernte gehörte dem Pflanzer und seinen Erben. Wenn die Kastanien bis Martini (11. November) nicht aufgesammelt worden waren, hatte jeder das Recht zuzugreifen. Erst mit dem Absterben oder Fällen des Baums erlosch dieses Nutzungsrecht, das als „Jus platandi" sogar Einzug in die Rechtsgeschichte des Landes fand.

Der Niedergang der Kastanienkultur

Die Bedeutung der Esskastanie für die damals noch arme Bevölkerung des Tessins drückt sich auch in der lokalen Bezeichnung für die Pflanze aus: Esskastanienbäume wurden einfach als *arbur* bezeichnet, also als Baum.

BEEINDRUCKENDE KASTANIENWÄLDER 🌰 Noch Anfang des 20. Jahrhunderts war jeder fünfte Baum im Tessin eine Esskastanie. Die als Selven bezeichneten, aus veredelten, hochstämmigen Kastanien gepflanzten Wälder umfassten dort einst rund 10 000 Hektar. Man backte Brot aus Kastanienmehl und bereitete daraus Nudeln und nahrhafte Suppen.

RÜCKGANG DER BESTÄNDE 🌰 Modernere Anbaumethoden und die Verwendung von Kunstdünger veränderten die Agrarlandschaft und damit die Versorgung der Bevölkerung mit Grundnahrungsmitteln, etwa durch die Einführung der Kartoffel. Die einsetzende Landflucht trug ein Übriges zum Niedergang der Esskastanienwälder bei. Die Selven wurden nicht mehr gepflegt und andere Baumarten verdrängten nach und nach die Esskastanie, ehe sie in der Folge auch vom Speisezettel verschwand.

Die Früchte eines Esskastanienbaums versorgen einen Menschen ein ganzes Jahr mit Kohlenhydraten. (Foto: Michael Fritzen/fotolia.com)

Kastanienfest in Klostermarienberg (Burgenland)
(Foto: Steindy/Wikimedia Commons)

DAS FEST DER KASTANIE Nicht nur im Tessin, sondern in vielen Teilen Europas wird die Esskastanie im Herbst gefeiert. Eines der größten Kastanienfeste findet jeden Oktober im Hinterland der Côte d'Azur statt. Bis zu 30 000 Besucher strömen dann in die Gemeinde Collobrières, wo es bei den Fêtes de Châtâgne allerlei Leckeres zu verkosten gibt.

Einen Besuch lohnen auch die „Kastanienwochen" im Südtiroler Eisacktal, wo im Oktober zahlreiche Gastbetriebe mit Kastanienspezialitäten aufwarten. Kastanienbrot, Kastaniensuppe, Marmelade, Pralinen, Likör, Kuchen und Nudeln aus Kastanien, nicht zu vergessen der mildwürzige Kastanienhonig, sind nur einige der Köstlichkeiten, die beweisen, dass die Esskastanie einen Imagewandel durchgemacht hat und heute nicht länger als plumper Sattmacher, sondern als Delikatesse gilt.

BEDROHLICHE SEUCHEN Wirklich dramatisch wurde die Lage für die Esskastanienbestände, als in der zweiten Hälfte des 19. Jahrhunderts die Tintenkrankheit den Esskastanien zusetzte und Ende der 1940er-Jahre der Kastanienkrebs die Bäume befiel.

Renaissance der Esskastanien

Durch intensive Pflege und zunehmende Resistenz erholten sich die Bestände im Tessin in jüngerer Zeit. Heutzutage, wo vermehrt Wert auf eine gesunde, regionale Küche gelegt wird, erfahren die köstlichen Esskastanien wieder eine höhere Wertschätzung. Die Anbauflächen wachsen dank steigender Nachfrage, und in vielen Orten werden im Herbst fröhliche Kastanienfeste gefeiert, so etwa in Ascona, Ronco und Brissago.

Geliebte „Maroni"

Nach wie vor sind im Winter am offenen Feuer geröstete, duftende „Maroni", die auf Weihnachtsmärkten und in Fußgängerzonen verkauft werden, für Erwachsene wie Kinder eine leckere Knabberei.

(Foto: mpunch/shutterstock.com)

Pflanzung, Pflege und Ernte

(Foto: Bildagentur Waldhäusl/Mc Photo)

Esskastanien brauchen einen sonnigen, warmen Standort in durchlässigen, nicht zu trockenen, schwach sauren bis neutralen Böden (pH-Wert zwischen 6,0 und 7,0).

Die beste Pflanzzeit ist der Herbst. Das Pflanzloch muss doppelt so tief und breit wie der Wurzelballen der Pflanze sein. In den ersten zwei bis drei Jahren brauchen Esskastanien einen Stützpfahl, der möglichst vor dem Einsetzen der Pflanze eingeschlagen wird, um die Wurzeln später nicht unfreiwillig zu pfählen.

Richtig pflanzen

Die Pflanze wird genauso tief ins Pflanzloch gesetzt, wie sie in der Baumschule oder im Container stand. Beim Einfüllen der Erde immer wieder den Stamm der Pflanze rütteln, damit die Erde auch in die Wurzelzwischenräume rutscht. Anschließend festtreten, einen Gießrand formen und den Baum mit Kokosfaserstrick oder einem anderen weichen Bindematerial am Stützpfahl anbinden. Zum Schluss gründlich angießen.

> **TIPP** Auch in der folgenden Zeit darauf achten, dass der Boden nicht austrocknet!

Bis der Baum angewachsen ist und sich selbst versorgen kann, dauert es ein bis zwei Jahre.

Pflege

Esskastanien sind Tiefwurzler. Wenn sie einmal angewachsen sind, brauchen sie auch bei sommerlicher Trockenheit nicht gegossen zu werden. Sie sind von Natur aus sehr hitzeverträglich und äußerst pflegeleicht.

ESSKASTANIEN SCHNEIDEN Junge Bäume können durch einen Erziehungsschnitt in die gewünschte Form gebracht werden, danach sind keine weiteren Schnittmaßnahmen mehr nötig. Empfehlenswert ist das **Aufasten** der jungen Bäume bis auf 150–180 cm Höhe. Dazu geht man folgendermaßen vor: Im ersten Standjahr werden die unteren Seitentriebe etwa um die Hälfte eingekürzt, sobald sie 20–30 cm lang sind. Die oberen Triebe bleiben ungeschnitten. Im Spätherbst oder Winter des zweiten Standjahrs werden die zuvor gekürzten Seitentriebe dann bis zum Stamm zurückgeschnitten. Diese Praxis wird so lange wiederholt, bis die gewünschte astfreie Stammhöhe erreicht wird. Bei älteren Bäumen werden nur totes und schadhaftes Holz entfernt und zu dichte oder sich kreuzende Äste ausgeschnitten.

Ernte und Lagerung

Die Früchte sind reif, wenn die stacheligen Hüllen sich gelb färben, aufplatzen und – meist in den Fruchthüllen – vom Baum fallen. Die reifen Kastanien können dann einfach vom Boden aufgesammelt werden. Meistens müssen die Kastanien von Hand aus den stacheligen Hüllen herausgelöst werden. Vor dem Einlagern können die Kastanien kurz in kaltem Wasser gewaschen werden, um anhaftende Erde zu entfernen. Beim Aufsammeln auf kleine Löcher achten, die auf einen Befall mit Wicklern oder Esskastanienbohrer hinweisen. Solche Früchte nicht lagern, sondern umgehend vernichten!

> **TIPP** Beim Auslösen der Kastanien sollte man unbedingt Handschuhe tragen, denn die spitzen Stacheln sind nicht zu unterschätzen!

'Belle Epine'
(Foto: Hans Roland Müller/botanikfoto.com)

Gelagert werden die Kastanien flach ausgebreitet im trockenen Keller – haltbar sind die Früchte dann etwa 3–4 Monate. Kleinere Mengen Esskastanien kann man in Wasser garen, anschließend schälen und sie dann in Gefrierbeuteln einfrieren.

Sorten der Esskastanie

Die meisten Esskastanien-Sorten gibt es in Südeuropa. Allein in Frankreich sind über 700 Sorten registriert! Außerhalb ihrer Heimat sind diese Sorten jedoch kaum erhältlich. In den meisten Baumschulen Deutschlands, Österreichs und der deutschsprachigen Schweiz werden Esskastanien ohne Sortenbezeichnung angeboten. Es handelt sich aber in der Regel immer um veredelte Sorten. Diese tragen schon im Alter von sechs bis acht Jahren und entwickeln eine wesentlich kleinere Krone als Wildlinge, die frühestens nach 25 Jahren fruchten und meist viel kleinere Früchte hervorbringen.

'BELLE EPINE' Spät (Mitte bis Ende Oktober) reifende Sorte mit großen, mahagonifarbigen, gut lagerfähigen Früchten. Nur mit einer weiteren Sorte ertragsfähig (z. B. 'Dorée de Lyon').

'BOUCHE ROUGE' Früh (Ende September) reifende Sorte mit großen, rotbraun glänzenden, sehr gut lagerfähigen Früchten. Sowohl für den Hausgarten als auch den Erwerbsanbau geeignet.

Ein eingewachsener Esskastanienbaum bringt reiche Ernte, die etwa drei bis vier Monate gelagert werden kann. (Foto: Carola Vahldiek/fotolia.com)

'Dorée de Lyon'
(Foto: Hans Roland Müller/botanikfoto.com)

'Bouche de Betizac' 🌰 Mittelspät (Mitte Oktober) reifende Sorte mit großen, leicht schälbaren Früchten und regelmäßigen, hohen Erträgen.

'Brunella' 🌰 Spät (Anfang bis Mitte Oktober) reifende Sorte mit mittelgroßen Früchten, die einen guten Geschmack haben. Sowohl für den Hausgarten als auch den Erwerbsanbau geeignet.

'Dorée de Lyon' 🌰 (Synonym: 'Marron de Lyon'): Mittelspät (Anfang bis Mitte Oktober) reifende, große Früchte mit sehr gutem Geschmack. Goldgelber, zartsüßlicher Kern, lange lagerfähig. Sterile Pollen, daher nicht als Befruchtersorte geeignet und nur mit einer weiteren Sorte ertragsfähig.

'Ecker 1' 🌰 Sehr früh bis früh (Mitte September) reifende, selbstfruchtbare, reich tragende, robuste Sorte. Die Früchte fallen innerhalb einer Woche, lassen sich gut schälen und schmecken hervorragend. In Österreich eine der Hauptsorten, wird oft als Heister oder Hochstamm auf Streuobstwiesen gepflanzt.

'Marigoule' 🌰 Mittelspät bis spät (Anfang Oktober) reifende, sehr robuste Sorte aus der Schweiz. Die großen Früchte haben ein mittelfestes Fleisch, eine sehr gute Qualität, schmecken hervorragend und sind lange lagerfähig.

'Ecker 1' ist eine der Hauptsorten von Esskastanien in Österreich.
(Foto: Hans Roland Müller/botanikfoto.com)

Esskastanien veredeln

In besonders milden Regionen kann man Esskastanien im Freiland selbst veredeln. Die beste Zeit dazu ist von Anfang April bis Mitte Mai. Die Edelreiser müssen allerdings schon im Januar oder Februar geschnitten und an einem feuchten, kühlen Ort aufbewahrt werden. Die Unterlage, ein wilder Sämling, darf nicht älter als ein Jahr sein.
Die Veredelung erfolgt durch Kopulation, wie bei der Walnuss beschrieben (siehe Seite 9 f.), nur dass die Sämlinge der Esskastanien an Ort und Stelle bleiben, statt eingetopft im Zimmer aufgestellt zu werden. Ist die Veredelung gelungen, wird die Bastverschnürung nach vier Wochen gelöst. In der Folgezeit müssen alle Konkurrenztriebe unterhalb der Veredelungsstelle entfernt werden.

Krankheiten und Schädlinge

(Foto: Gyorgy Csoka/Wikimedia Commons)

Die beiden am häufigsten auftretenden Krankheiten der Esskastanie werden durch Pilzinfektionen verursacht: Kastanienrindenkrebs und Tintenkrankheit. Daneben gibt es noch weitere, weniger ernste, von Pilzen und durch Viren verursachte Krankheiten.

Kastanienkrebs

Der Kastanienkrebs *(Cryphonectria parasitica)* ist ein Schadpilz, der zunächst aus Asien nach Nordamerika eingeschleppt wurde. Ab 1904 begannen in New York die ersten Esskastanien der dort heimischen Art *Castanea dentata* abzusterben. In den folgenden 30–40 Jahren wurden fast alle Kastanienwälder im Osten Nordamerikas vernichtet.

In Europa trat der Pilz erstmals 1938 in der Gegend von Genua an *Castanea sativa* auf. Inzwischen sind nahezu alle Esskastanienbestände in Europa gefährdet. In Österreich ist der Pilz in der Steiermark und im Burgenland nachgewiesen.

Der Pilz dringt über Wunden in die Rinde des Baums ein. Diese färbt sich im Verlauf rot, sinkt ein und reißt auf. Durch Überwallungsversuche des Baums entstehen krebsartige Wucherungen. Oberhalb der Befallsstelle stirbt der Baum ab. Die Blätter welken, fallen aber nicht gleich ab. Später bilden sich auf der Rinde gelborange Fruchtkörper.

BEKÄMPFUNG Als vorbeugende Maßnahme wird empfohlen, Wunden an der Rinde und im Wurzelbereich zu vermeiden. Befallenes Material muss möglichst sofort ausgeschnitten und verbrannt werden.

Der Kastanienkrebs färbt zunächst die Rinde des Baumes rot – später entstehen krebsartige Wucherungen und der Baum stirbt ab.
(Foto: Simone Prospero/WSL)

Tintenkrankheit

Bei der Tintenkrankheit *(Phythophthora cambivora, P. cinnamomi)* handelt es sich um eine Wurzelkrankheit, die unweigerlich innerhalb weniger Jahre zum Absterben des befallenen Baums führt. Die Symptome sind schüttere Belaubung, kleine, vergilbte Blätter, fehlende Fruchtbildung und das Absterben der Krone.

An der Stammbasis bilden sich, aufsteigend von den Wurzeln, schwarze, flammenartige Verfärbungen, die Schleim absondern. Betroffen sind vor allem Bäume auf feuchten bis staunassen Böden. Die Krankheit ist nicht heilbar.

BEKÄMPFUNG Vorbeugende Maßnahmen sind die Vermeidung von Wunden und Staunässe, Verwendung von gesundem Pflanzenmaterial, Pflanzung in gesunden Boden und die Vermeidung der Übertragung infizierter Erde, etwa durch Fahrzeuge oder Schuhe.

Bei der Tintenkrankheit befallen die schwarzen Verfärbungen nach und nach alle Triebe von mehrstämmigen Bäumen. (Foto: Frank von Berger)

Andere Pilzerkrankungen

Die **Sprühfleckenkrankheit** *(Septoria castanicola, Mycospharella maculiformis)* äußert sich durch Flecken auf der Blattoberseite und später vergilbende Blattränder. Das Blatt wird schließlich braun und fällt vorzeitig ab. Ein mehrmaliger Befall schwächt den Baum.

BEKÄMPFUNG Eine Bekämpfung ist meist nicht nötig, da die Bäume durch einen Befall nicht wesentlich geschädigt werden.

Seit den späten 1950er-Jahren tritt in Europa auch der **Kastanienmosaikvirus** auf. Ein Befall führt in den Sommermonaten zu Blattnekrosen, wodurch der Baum geschwächt wird.

BEKÄMPFUNG Eine Bekämpfung des Virus ist nicht möglich. Esskastanien gelten jedoch als wenig anfällig für diese Erkrankung.

Wickler

Die häufigsten und lästigsten Schädlinge sind zweifellos die Larven verschiedener unscheinbarer Kleinschmetterlinge, die das Innere der Früchte fressen und diese dadurch für den menschlichen Verzehr ungenießbar machen.

Neben dem **Buchenwickler** *(Cydia fagiglandana)*, der weniger häufig an Esskastanien auftritt, sind dies vor allem der **Frühe Kastanienwickler** *(Pammene fasciana)* und der **Späte Kastanienwickler** *(Cydia splendana)*. Das Schadbild ist bei allen drei Wicklerarten gleich: Die Larven fressen die Früchte von innen her auf, ohne dass man äußerlich einen Befall erkennt. Erst der Konsument entdeckt den „Wurm" – sofern der nicht schon ausgezogen ist.

Der Frühe Kastanienwickler fliegt ab Sommerbeginn in den Abendstunden und legt seine Eier auf die unreifen Früchte. Nach rund 40 Tagen Fraß sucht die Larve ein Versteck unter der Rinde des Wirtsbaums oder im Boden, wo sie sich einspinnt und überwintert.

Die Larven des Frühen Kastanienwicklers fressen die Früchte von innen her auf.
(Foto: Gyorgy Csoka/Wikimedia Commons)

Der Späte Kastanienwickler fliegt von Mitte August bis Mitte September und ist eher nachtaktiv. Die Larve frisst rund 40 Tage und fällt meist mit der Frucht zu Boden, wo sie sich dann bis 10 cm tief verkriecht.

BEKÄMPFUNG Vorbeugend hilft ein sofortiges Aufsammeln herabgefallener Früchte, möglichst bevor sich die Larven in den Boden verkriechen. Befallene Früchte sollten vernichtet (verbrannt) werden. Fliegende Falter können mit Licht-, Fruchtsaft- und Lockstoff-(Pheromon-)Fallen gefangen werden. Im kommerziellen Anbau wird der Einsatz von Nützlingen (u.a. Brach- und Schlupfwespen) praktiziert, der sich auch für den Hausgarten anbietet.

Esskastanienbohrer

Das Schadbild der Larven des Esskastanienbohrers *(Curculio elephas)*, einem bis 10 mm großen, grau-rötlich goldenen Rüsselkäfer, ähnelt dem durch die Wicklerlarven angerichteten Schaden. Auch der ab August aktive Käfer legt seine Eier auf den jungen Früchten ab. Die Larven fressen den Kern und ziehen sich nach dem Fruchtfall bis zu 60 cm tief in den Boden zurück, wo sie überwintern und sich verpuppen.

BEKÄMPFUNG Als Bekämpfung wird auch hier das sofortige Absammeln herabgefallener Früchte empfohlen.

Kastanien-Gallwespe

Seit dem Jahr 2002 ist die Japanische Esskastanien-Gallwespe *(Dryocosmus kuriphilus)* in Europa nachgewiesen. Bei diesem weltweit bedeutendsten Esskastanienschädling handelt es sich um ein 2,5 mm kleines, schwarzes, geflügeltes Insekt, das von Ende Mai bis Anfang Juli seine Eier auf die Blatt- und Blütenknospen der Esskastanie ablegt. Die daraus schlüpfenden Larven entwickeln sich zunächst sehr langsam und überwintern am Baum. Im folgenden Frühjahr erfolgt eine umso heftigere Reaktion der Knospen mit Gallenbildung. Der Ertragsausfall kann bis zu 80 Prozent betragen. Bei starkem Befall können ganze Äste und sogar der gesamte Baum absterben.

BEKÄMPFUNG Eine Bekämpfung ist bisher nur durch das Entfernen und Vernichten befallener Pflanzenteile möglich.

Die Japanische Esskastanien-Gallwespe führt weltweit zu den bedeutendsten Schäden an Esskastanien.
(Foto: Hamachidori/Wikimedia Commons)

Mandeln

Mandeln gehören zu den ältesten Kulturpflanzen des Mittelmeerraums und gedeihen seit vielen Jahrhunderten auch in milden Regionen Mittel- und Westeuropas. Früh im Jahr erfreuen sie schon mit ihren wunderschönen, zartduftenden Blüten das wintermüde Auge, bevor dann im Spätsommer die köstlichen Mandelkerne reif sind. Die Bäume brauchen nicht viel Platz, wenn man sie durch konsequente Erziehung kompakt hält oder gleich als Spalier an der Hauswand zieht. Ansonsten ist die Pflege einfach, und die reiche Ernte über viele Jahre hinweg belohnt jede noch so kleine Mühe!

(Foto: David Gomez/istockphoto.com)

Botanisches Wissen

(Foto: Annamartha/pixelio.de)

Der Mandelbaum *(Prunus dulcis)* ist ein sommergrüner, aufrechter Strauch oder bis 10 m hoher, ausladender Baum aus der Familie der Rosengewächse (Rosaceae). Er gehört zur Gattung *Prunus* mit rund 200 Arten, zu der auch Aprikosen, Pfirsiche, Pflaumen und Zierkirschen zählen. Früher wurde die Mandel botanisch auch als *Prunus amygdalus* oder *Amygdalus communis* oder *A. dulcis* bezeichnet. Die jungen Zweige sind oft kahl und bereift, bei Wildformen auch bedornt. Die Stämme haben eine dunkelgraubraune, längsrissige Borke.

Das Laub

Das Laub, das erst nach der Blüte erscheint, besteht aus lanzettförmigen, bis 12 cm langen und bis 2,5 cm breiten, kurz gestielten, dunkelgrünen Blättern. Sie sind am Rand fein gesägt und stehen entweder wechselständig an vorjährigen Zweigen oder in Büscheln konzentriert.

Blüten und Früchte

Die zwittrigen Mandelblüten öffnen sich bereits im zeitigen Frühjahr (in unseren Breiten meist Mitte März/Anfang April). Sie stehen einzeln, oft auch paarig, sind 5 cm breit, weiß bis zartrosa,

Der essbare Kern der Mandeln verbirgt sich in einer pelzigen Schale. (Foto: Frank von Berger)

Partner gesucht

Mandelbäume sind – mit wenigen Ausnahmen – nicht selbstfruchtbar und brauchen eine gleichzeitig blühende, andere Mandelsorte zur Befruchtung. Durch die nahe Verwandtschaft kann ein Mandelbaum jedoch auch durch einen Pfirsichbaum bestäubt werden. Die genauen Befruchtungsverhältnisse der jeweiligen Sorten erfragt man am besten beim Kauf in der Baumschule.

haben zahlreiche ungleich lange Staubblätter und manchmal einen dekorativen rosaroten Schlund.

Nach der Befruchtung, die durch Insekten erfolgt, entwickeln sich pelzige, eiförmige, je nach Sorte bis 6 cm lange grüne Steinfrüchte mit einem Durchmesser von bis zu 3 cm. Sie erinnern anfangs an Pfirsiche, bilden aber im Lauf der Reife kein weiches, saftiges Fruchtfleisch wie diese.

Bei der Reife der Mandel (in unseren Breiten meist im September/Oktober) trocknet das Fruchtfleisch ein und springt auf. Die Früchte sind je nach Sorte von einer mehr oder weniger harten, gelblich braunen, glatten bis gefurchten Schale umgeben, die vor dem Verzehr geknackt werden muss.

Erwachsene Mandelbäume liefern bis zu 30 kg Mandeln im Jahr.
(Foto: Bildagentur Waldhäusl/Arco Images)

Der Ertrag setzt meist im vierten oder fünften Standjahr ein. Zwei bis drei Jahre später wird der Vollertrag von bis zu 30 kg Mandeln pro Baum erreicht. Bei guter Pflege können Mandelbäume rund 50 Jahre lang gute Erträge liefern.

Bittere Mandeln

Jeder kultivierte Mandelbaum trägt neben den süßen auch bis zu zwei Prozent bittere Mandeln, ein Erbe der Wildform. Diese sind optisch kaum von den süßen Mandeln zu unterscheiden, nur die Haut ist etwas dunkler. Der bittere Geschmack entlarvt sie aber sofort als ungenießbar. Von dem in ihnen enthaltenen Amygdalin wird während des Verdauungsprozesses hochgiftige Blausäure abgespalten. Bittere Mandeln werden zum Aromatisieren von Speisen und Gebäck sowie in der Parfümindustrie verwendet.

> **TIPP** 🌿 **ACHTUNG: Für Kinder ist bereits der Verzehr weniger Bittermandeln gefährlich. Durch Erhitzen wird das Gift unschädlich.**

Die Blüten der Mandelbäume stehen oft paarweise am Zweig. (Foto: Frank von Berger)

BOTANISCHES WISSEN

Herkunft und Klima

(Foto: Frank von Berger)

Der Mandelbaum stammt ursprünglich aus Südwestasien. Wildvorkommen gibt es in den östlichen Mittelmeerländern (der Levante). Von Natur aus wächst er auch in Nord- und Ostanatolien, Südkaukasien, im Norden des Irans bis Turkmenistan, Kirgisien und Usbekistan. Welche Vorkommen tatsächlich ursprünglich sind und wo er von Menschen angepflanzt worden ist, lässt sich heutzutage nicht mehr mit Sicherheit nachvollziehen, denn der Mandelbaum gehört zu den ältesten Kulturpflanzen des Mittelmeerraums.

Um 200 v. Chr. wurde er von den Griechen nach Italien gebracht. Die Römer verbreiteten den Mandelbaum wahrscheinlich über die Alpen nach Norden. In der Pfalz, am Kaiserstuhl sowie im österreichischen Burgenland und in der Steiermark werden Mandeln seit langer Zeit erfolgreich kultiviert, ebenso im Tessin und Wallis. Seit Jahrhunderten ist der Mandelbaum in China, Indien, Nordafrika, Sizilien und im übrigen Italien, aber auch auf den Kanarischen Inseln verwildert und praktisch heimisch.

WARMER STANDORT Am Naturstandort bevorzugt der Mandelbaum Gebüsche an vollsonnigen Hängen auf steinigen Böden bis in Höhen von 1600 m, die eher trocken und kalkhaltig als feucht sind. Er verträgt zwar Fröste bis −20 °C, aber die sehr früh im Jahr erscheinenden Blüten sind sehr empfindlich. Damit man die köstlichen Mandelkerne ernten kann, dürfen die Blüten keinen Frost abbekommen.

Mandelblütenträume

Wer im Februar auf die Kanarischen Inseln reist, um Sonne, Strand und Erholung zu suchen, sollte es nicht versäumen, Ausflüge in die gebirgigen Regionen der Inseln zu unternehmen. Die blühenden Mandelbäume, die am Rand von verlassenen Gehöften und entlang der gewundenen Landsträßchen blühen, hinterlassen einen unvergesslichen Eindruck – weiße und zartrosafarbene Blütenwolken schmücken die zerklüfteten, steilen Berghänge und im Vorübergehen kann man ihren honigsüßen, zarten Duft schnuppern. Zwar werden die meisten Mandelbäume dort nicht mehr so intensiv gepflegt wie in alten Zeiten, aber in vielen Dörfern werden um die Zeit der Mandelblüte traditionelle Feste mit allerlei Mandelspezialitäten gefeiert. Kurze Zeit später im Frühjahr blühen auch die Mandelbäume auf Mallorca und anderen Mittelmeerinseln.

Kommerzielle Mandelproduktion

Vorrangig werden Mandeln heutzutage auf Plantagen in den USA (vor allem in Kalifornien) erzeugt. Weitere wichtige Erzeugerländer sind Spanien, die Türkei, Marokko und Griechenland.

(Foto: Safak ozuz/istockphoto.com)

Mandeln für Genuss und Gesundheit

Mandeln schmecken aromatisch und leicht süßlich. Sie eignen sich geschält oder ungeschält für den Rohgenuss und werden auch für die Zubereitung von Süßigkeiten, Mehlspeisen und Backwaren, zum Dekorieren, für die Bereitung von Likören und für die Marzipanherstellung verwendet. In der orientalischen Küche haben sie einen festen Platz und verfeinern hier Soßen, Eintöpfe und Schmorgerichte. Die jüdische Küche verwendet an Pessach gemahlene Mandeln als Ersatz für Getreidemehl, das an diesen Feiertagen verboten ist. Tatsächlich lässt sich aus gemahlenen Mandeln ganz ohne Mehl köstliches Gebäck herstellen, was für alle, die unter einer Glutenunverträglichkeit leiden, eine gute Alternative zu Getreidemehl sein kann.

INHALTSSTOFFE Mandeln enthalten etwa 58 Prozent Fette, bestehend vor allem aus gesunden, ungesättigten Fettsäuren. Außerdem enthalten sie rund 18 Prozent Eiweiß und etwa zwei Prozent Kohlenhydrate. Neben den Mineralien Kalzium, Magnesium und Kalium weisen sie reichlich Vitamine der B-Gruppe (B_1, B_2, B_6) und Vitamin E auf, ein wertvolles Antioxidans, das vor freien Radikalen schützt. In 100 g Mandeln stecken rund 570 kcal. Damit sind sie ähnliche Kraftpakete wie Nüsse.

HEILWIRKUNG Aufgrund ihrer wertvollen Inhaltsstoffe sind Mandeln äußerst gesund. Sie helfen, den Cholesterinspiegel im Blut zu senken, sind gut für die Nerven, stärken die Knochen, unterstützen die Sehkraft und helfen bei Entzündungen. In der Homöopathie werden bittere Mandeln gegen Asthma eingesetzt. Ernährungswissenschaftler haben herausgefunden, dass der Genuss von nur 20 g Mandeln täglich das Risiko einer Herzerkrankung halbieren kann. Damit der Körper die Inhaltsstoffe gut aufnehmen kann, müssen Mandeln jedoch gut gekaut und möglichst roh verzehrt werden.

> **TIPP** **Mandelkosmetik aus dem Fachhandel sollte möglichst frei von Konservierungsstoffen und synthetischen Parfümstoffen sein, dann ist sie am besten verträglich.**

KOSMETIK Die Kosmetikindustrie nutzt vor allem das klare, blassgelbe, dünnflüssige Mandelöl. Es hat einen schwachen, angenehmen Duft. Mandelöl wird sowohl aus süßen wie aus bitteren Mandeln gewonnen (Bittermandelöl). Das milde Mandelöl wird von den meisten Menschen gut vertragen und eignet sich auch zur Körperpflege von Babys. Der Handel bietet zahlreiche Produkte für die Haut-, Haar- und Körperpflege mit Mandelöl an. Durch die sehr gute Gleitfähigkeit eignet sich Mandelöl auch als Basis für Massageöle. Eine Packung mit Mandelöl verhilft strapaziertem Haar zu neuer Vitalität und Glanz.

Pflanzung, Pflege und Ernte

(Foto: Bildagentur Waldhäusl/Weber Sven)

Mandeln brauchen tiefgründige, gut durchlässige, lehmige, schwach saure, besser noch neutrale bis kalkhaltige Böden (pH-Wert zwischen 6,0 und 7,0). Wichtig ist ein geschützter Standort, der sonnig und gut belüftet ist, damit das Laub nach dem Regen gut abtrocknen kann. Hohe Luftfeuchtigkeit begünstigt Blattkrankheiten.

Richtig pflanzen

Bevorzugte Pflanzzeit ist der Herbst. Das Pflanzloch muss doppelt so tief und breit wie der Wurzelballen des Baums sein.

Vor dem Einsetzen werden alle verletzten Hauptwurzeln, die mehr als bleistiftdick sind, um 2–3 cm nachgeschnitten. Ein Stützpfahl sollte vor dem Setzen des Baums eingeschlagen werden, damit später die Wurzen nicht aus Versehen

> **TIPP** Nach dem Pflanzen die oberen Triebe des Mandelbaums etwas einkürzen, da sonst die Gefahr des Austrocknens besteht.

gepfählt werden. Der Baum wird genauso tief eingepflanzt, wie er in der Baumschule oder im Container stand. Beim Einfüllen der Erde immer wieder am Stamm rütteln, damit die Erde auch in Wurzelzwischenräume rutscht. Anschließend gut festtreten, einen Gießrand formen und den Baum mit Kokosfaserstrick oder einem anderen weichen, aber festen Bindematerial anbinden.

Zum Schluss gründlich angießen und auch in der Folgezeit darauf achten, dass das Erdreich nicht austrocknet!

PFLANZABSTÄNDE Mandelbäume können rund 50 Jahre lang Erträge liefern und werden deutlich größer als Pfirsichbäume. Das muss bei der Pflanzung bedacht werden. Da man im Hausgarten Mandelbäume meistens als Solitäre bzw. nur mit einer Befruchtersorte in der Nähe pflanzt, muss vor allem der Abstand zu anderen Gehölzen und zu Gebäuden beachtet werden. Generell ist ein Abstand von 6,5–9 m empfehlenswert, damit der Baum sich frei entfalten kann, genug Licht und Luft bekommt und nicht von anderen Gehölzen bedrängt wird.

Pflege

Das größte Problem bei Mandeln ist ihre frühe Blütezeit. Wenn im Frühjahr auf einige warme Tage noch eine frostige Periode folgt, kann die gesamte Ernte ausfallen. Deshalb muss bei drohenden Spätfrösten zur Blütezeit alles unternommen werden, um die Blüten zu schützen, die im geöffneten Zustand bei Frösten unter −2,2 °C absterben. Knospige Blüten vertragen Fröste von −4,4 °C. Der junge Fruchtansatz verträgt kaum 1 °C Frost.

Bei kleineren Bäumen hilft die kurzfristige Abdeckung mit Vlies. Größere Bäume kann man aber nicht auf diese Weise schützen. Bei diesen lohnt der Versuch, bei Temperaturen unter 0 °C Wasser auf die blühenden Zweige zu spritzen, wie es im Erwerbsanbau praktiziert wird. Die entstehende Eisschicht kann die geöffneten Blüten vor strengerem Frost schützen.

Gegen Monilia, Kräuselkrankheit und andere Pilzinfektionen sollte im zeitigen Frühjahr vorbeugend mit einem Pflanzenstärkungsmittel (Schachtelhalmbrühe, siehe Seite 17) gespritzt werden.

Ebenfalls im Frühjahr kann eine dünne Schicht reifer Kompost als Düngung auf der Baumscheibe ausgebracht werden. Bei andauernder Trockenheit während der Blütezeit und der Fruchtbildung sollte gegossen werden.

MANDELBÄUME SCHNEIDEN Mandeln werden in der Regel als Halb- oder Hochstamm mit einer Hohlkrone erzogen. Man kürzt den Mitteltrieb ein und belässt vier bis sechs Hauptäste. Seitlich am Stamm ausschlagende Triebe werden regelmäßig entfernt. In den folgenden Jahren werden die Seitentriebe immer wieder um ein Drittel auf nach außen weisende Augen eingekürzt. Unerwünschte, schwache und über Kreuz wachsende Triebe werden herausgeschnitten.

> **TIPP** Mandelbäume blühen am jungen Holz. Beim Winterschnitt geht die Blüte für das Folgejahr verloren!

Bei erwachsenen Bäumen fördert ein regelmäßiger Schnitt die Bildung von neuem Fruchtholz. Dazu nimmt man ein bis zwei ältere Äste auf starkwüchsige junge Triebe zurück. Die übliche Zeit dafür ist der Frühjahrsbeginn. Beim Sommerschnitt übersieht man die Struktur des Astgerüsts zwar nicht so gut, dafür ist das Infektionsrisiko jedoch geringer. Beim Schneiden sollte man stets saubere und scharfe Werkzeuge verwenden sowie auf glatte Schnittflächen achten.

Ernte und Lagerung

Mandeln sind reif, wenn die grüne Hülle gelblich wird und aufplatzt. Je nach Sorte und Region ist das zwischen Mitte September und Anfang Oktober, in späten Jahren bis in den November hinein. Die Früchte im Inneren der Krone springen zuletzt auf. Wenn die Früchte nicht von allein vom Baum fallen, muss man sie pflücken. Das Schütteln der Bäume reicht nicht aus, um die Mandelkerne vom Baum zu holen.

Spaliergehölze

Mandelbäume können (wie dieser Apfelbaum) an sonnigen Wänden auch als Fächerspalier erzogen werden. So profitieren sie von der abstrahlenden Wärme der Wand und sind weniger spätfrostgefährdet. Die Erziehung dauert allerdings einige Jahre und erfordert auch etwas mehr Schnittkenntnisse als die Kultur von Halb- oder Hochstämmen.

(Foto: Martin Bowker/istockphoto.com)

Mandeln fallen oft nicht von selbst vom Baum, sondern müssen gepflückt werden.
(Foto: Bastian Stürmer/Step/fotolia.com)

Frisch geerntete Mandeln müssen umgehend von Resten der grünen Schale befreit werden, um Schimmelbildung vorzubeugen. Anschließend werden die Mandeln in der Sonne oder an einem luftigen, trockenen Ort (Dachboden) getrocknet. Dabei sollten sie möglichst täglich gewendet werden, damit sie nicht schimmeln. Um sie lange lagerfähig zu halten, sollten sie weniger als sieben Prozent Restfeuchtigkeit aufweisen.

Durchgetrocknete Mandeln halten sich an einem kühlen, dunklen und trockenen Ort ein Jahr ohne großen Qualitätsverlust. Man kann die getrockneten Mandeln auch knacken und nur die Kerne trocken aufbewahren oder einfrieren. Letzteres ist die beste Methode, sie vor einem Befall mit Vorratsschädlingen wie etwa Dörrobstmotten zu bewahren.

Mandel-Sorten

Beim Kauf von Mandelbäumen hat man die Wahl zwischen Sorten, die in den Mittelmeerländern gezüchtet wurden, und solchen aus deutscher Zucht. Wegen der besonderen klimatischen Ansprüche von Mandelbäumen sind die deutschen Züchtungen in Mitteleuropa zu bevorzugen. Bedingt kommen auch französische Züchtungen für die Pflanzung im deutschsprachigen Raum infrage. In Österreich (in der Steiermark und im Burgenland) wurden auch gute Erfahrungen mit ungarischen Sorten (z. B. 'Tétényi Liebling' und 'Tétényi Rekord') gemacht. Die Erträge aller Sorten sind abhängig von der Witterung während der Blüteperiode.

Deutsche Sorten:

'DÜRKHEIMER KRACHMANDEL' 🚲
Wuchs mit flacher, breit ausladender Krone, mäßig robust, Blüte weiß mit rötlichem Auge, Früchte groß, weichschalig, süß und würzig, gut lagerfähig. Reife: Ende September/Anfang Oktober.

'DÜRKHEIMER PRACHTMANDEL' 🚲
Mittelstark bis stark wachsend, gute Frosthärte, Früchte groß, oval, hartschalig, breiter Kern von sehr guter Qualität, mildaromatisch, moniliaresistent. Reife: Anfang Oktober.

'PALATINA' 🚲 Ausladender, überhängender Wuchs, weiße Blüten Mitte März, selbstfruchtbar und frosthart, ertragreich, Früchte groß, weichschalig, süß, wohlschmeckend und leicht zu entkernen. Reife: Ende September/Anfang Oktober.

'Dürkheimer Krachmandel'
(Foto: Astrid Müller/gruener-garten-shop.de)

'Palatina'
(Foto: Astrid Müller/gruener-garten-shop.de)

Französische Sorten:

'**Ai**' ✿ Guter Wuchs, späte Blüte (Mitte März), hoher Ertrag. Frucht mittelgroß, weichschalig, gute Qualität, lange haltbar. Reife: Mitte September.

'**Ferraduel**' ✿ Mittelstarker Wuchs, sehr späte Blüte, sehr frosthart, sehr guter Ertrag. Frucht groß, oval, hartschalig, gute Qualität. Reife: Ende September.

'**Ferragnes**' ✿ Sehr guter Wuchs, sehr späte Blüte, hoher Ertrag. Frucht groß, weichschalig, dicker Kern, gute Qualität. Reife: Ende September.

'**Ferraster**' ✿ Starker Wuchs, sehr späte Blüte, guter Ertrag. Frucht groß, dicker Kern. Reife: Mitte September.

'**Lauranne**' ✿ Guter Wuchs, späte Blüte, selbstfruchtbar, sehr guter Ertrag. Frucht von guter Qualität. Reife: Ende September.

'**Marcona**' ✿ Guter Wuchs, mittelspäte Blüte, sehr guter Ertrag. Frucht hartschalig. Reife: Anfang Oktober.

'**Texas**' ✿ Mittelspäte Blüte, Früchte weichschalig, guter Ertrag, Reife: Anfang Oktober. Gute Befruchtersorte, wird hauptsächlich als solche gepflanzt.

Mandeln veredeln

Mandel-Sorten werden häufig auf Unterlagen von Pfirsichbäumen oder die Unterlage 'St. Julien A' gepfropft. Es gibt auch vollfruchtbare Hybriden zwischen Mandeln und Pfirsichen (*Prunus* × *amygdalo-persica* bzw. *Prunus* × *persicoides*), die zwar nur Bittermandeln als Früchte hervorbringen, aber ebenfalls als Pfropfunterlage verwendet werden können.

(Foto: Steffen Henser/botanikfoto.com)

Krankheiten und Schädlinge

(Foto: Rothamsted Research/Wikimedia Commons)

Mandeln sind eng verwandt mit Pfirsichen, Aprikosen, Pflaumen und Kirschen, die alle zur Gattung *Prunus* gehören. Deshalb können viele Krankheiten und Schädlinge, die bei diesen Obstgehölzen auftreten, auch Mandeln betreffen.

Kräuselkrankheit

Am häufigsten tritt die Kräuselkrankheit auf. Die durch den Schlauchpilz *Taphrina deformans* var. *amygdali* verursachte Infektion macht sich durch unregelmäßig blasig gekräuselte Blätter bemerkbar, die sich erst blassgelb, später rötlich violett verfärben und schließlich vertrocknen und abfallen. Bei starkem Befall trocknen die Triebspitzen ein und sterben ab.

Die Infektion erfolgt schon sehr früh im Jahr, meist mit dem Aufplatzen der Blütenknospen. Vom Frühsommer bis zum folgenden Februar überdauert der Pilz im Ruhestadium am Baum. Im Juni/Juli kommt es in der Regel zu einem gesunden Neuaustrieb des Laubs. Der Baum wird durch den Befall jedoch geschwächt, der Fruchtbesatz reduziert und auch der Knospenansatz für das nächste Jahr ist eingeschränkt. Bei starkem Befall tritt Gummifluss auf, also aus der Rinde austretendes Harz, und ganze Zweige können absterben. In Frühjahren mit feuchter Witterung ist der Befall besonders gravierend.

BEKÄMPFUNG Vorbeugend empfehlen sich ein windoffener, sonniger Standort, regelmäßiges Auslichten der Krone und ein Verjüngungsschnitt, das Absammeln von Fruchtmumien sowie eine maßvolle Düngung. Die Pflanzung von Knoblauch und Kapuzinerkresse unter Mandelbäumen soll ebenfalls vorbeugend wirken. Ab Januar kann mit Pflanzenstärkungsmitteln aus dem Fachhandel oder mit Schachtelhalmbrühe (siehe Seite 17) gespritzt werden, um die Mandelbäume widerstandsfähiger zu machen. Beim ersten Auftreten des Pilzes sollten befallene Pflanzenteile möglichst frühzeitig entfernt und vernichtet werden. Sie dürfen nicht auf den Kompost gelangen.

Die Kräuselkrankheit gehört zu den lästigsten Plagen, die Mandel- und Pfirsichbäume befallen können. (Foto: Frank von Berger)

Zwetschkenrost

Der Zwetschkenrost *(Tranzschelia discolor)* ist ein wirtswechselnder Rostpilz, der beim Mandelbaum auf den Blattoberseiten kleine gelbe Flecken verursacht. Auf den Blattunterseiten bilden sich erst braune, dann schwarze Sporenhaufen. Das Laub fällt vorzeitig ab, wodurch der Baum stark geschwächt und die Fruchtbildung beeinträchtigt wird. Die Infektion erfolgt ab Ende Mai und nimmt bei trockener, warmer Witterung rasch zu.

BEKÄMPFUNG Vorbeugend können Pflanzenstärkungsmittel gespritzt werden. Bei einem Befall vermindert das Aufsammeln und Vernichten des Falllaubs den Befallsdruck.

Spitzendürre

Eine weitere, durch Pilze verursachte und häufig bei Mandelbäumen auftretende Krankheit ist die Monilia-Spitzendürre, auch unter dem Namen Monilinia bekannt. Die Infektion mit *Monilia laxa* erfolgt, wenn die Blütenknospen aufplatzen. Bei feuchtkühler Witterung herrschen ideale Bedingungen für den Pilz. Fällt die Blütezeit in eine trockene und warme Periode, besteht weniger Infektionsgefahr. Befallene Triebe werden bereits im Frühsommer trocken und sterben im Verlauf der Vegetationsperiode ab. Manchmal tritt Gummifluss am Übergang vom befallenen zum gesunden Holz auf.

BEKÄMPFUNG Vorbeugend wirken ein windoffener, sonniger Standort, das Entfernen von Fruchtmumien, ein regelmäßiges Auslichten der Krone und Spritzungen mit Pflanzenstärkungsmitteln aus dem Fachhandel oder mit Schachtelhalmbrühe. Da der Befallsdruck in jedem Frühjahr erneut auftritt, müssen die Spritzungen jedes Jahr zur Zeit der Mandelblüte durchgeführt werden. Befallene Triebe werden bis 15 cm ins gesunde Holz zurückgeschnitten. Das Schnittgut muss über den Müll entsorgt oder vernichtet (verbrannt) werden.

Verschiedene Naturmaterialien bieten nützlichen Insekten in Nützlingshotels Unterschlupf.
(Foto: Frank von Berger)

Blattläuse

Die Grüne Pfirsichblattlaus *(Myzus persicae)* ist eine nicht in Kolonien lebende, im Sommer den Wirt wechselnde Blattlaus, die in zwei Farbvarianten vorkommt: Die flugunfähige Sommergeneration ist grün, die nachfolgenden, flugfähigen Generationen sind schwarzbraun bis schwarz. Das Saugen der kleinen Schadinsekten verursacht ein Kräuseln und Einrollen der Blätter. Es setzt verfrühter Blattfall ein, was zur Schwächung des Mandelbaums führt. Da die Insekten keine Kolonien bilden, erfolgt auch kein Ameisenbesuch. Durch ihre Saugtätigkeit können Pfirsichblattläuse gefährliche Pflanzenviren übertragen.

BEKÄMPFUNG Am sinnvollsten sind eine Förderung von Nützlingen wie Marienkäfer, Ohrwürmer, Schweb- und Florfliegen sowie das Aufhängen von Vogelnistkästen und „Nützlingshotels". Bei starkem Befall hilft Stäuben mit Algenkalkstaub, Asche oder Gesteinsmehl oder das mehrfache Spritzen mit Zwiebelschalentee oder einem Knoblauchauszug.

Nüsse und Mandeln in der Küche

Nüsse und Mandeln sind unverfälschte Naturprodukte und gehören seit den Anfängen der Geschichte zur menschlichen Ernährung. Ihre lange Haltbarkeit und gute Lagerfähigkeit haben dazu beigetragen, dass sie in vielen Teilen der Welt Bestandteil traditioneller Gerichte wurden. Die nahrhaften Kerne sind vor allem in den Wintermonaten gesunde Lieferanten von Mineralien, Vitaminen und Energie. In der modernen Ernährung spielen sie leider oft eine viel zu geringe Rolle. Dabei kann man aus Nüssen und Mandeln leckeres Gebäck und viele schmackhafte Speisen zubereiten.

(Foto: Vasil Vasilev/shutterstock.com)

Rezepte mit Walnüssen

(Foto: Claes Torstenson/istockphoto.com)

Leckere Rezepte mit Walnüssen gibt es wie Sand am Meer. Manche Rezepte, wie die Engadiner Nusstorte oder Waldorfsalat, sind traditionell und weltberühmt. Andere, wie Walnusspesto oder orientalisch inspirierte Schmortöpfe mit Fleisch und Walnüssen, eher etwas für Kenner und Liebhaber der edlen Nussfrucht. Die nachfolgenden Rezepte sind als Anregung gedacht, der Fantasie sind jedoch keine Grenzen gesetzt – erlaubt ist alles, was schmeckt! Übrigens gelingen prinzipiell viele Rezepte, die mit Haselnüssen oder Mandeln zubereitet werden, auch mit Walnüssen.

> **TIPP** Man kann die Nüsse in freien Stunden auf Vorrat knacken und in verschließbaren Dosen aus Kunststoff im Gefrierfach oder in Schraubgläsern im Kühlschrank aufbewahren.

Backen mit Walnüssen

Walnussplätzchen

Zutaten:
- 300 g Mehl
- 200 g Zucker
- 200 g Butter
- 150 g gemahlene Walnusskerne
- 1 Päckchen Vanillezucker
- 1 Prise Salz
- 1 EL Rum
- 3 Tropfen Bittermandelaroma
- 1 Msp. Kardamom (gemahlen)
- 3 EL rotes Johannisbeergelee
- 2 EL Zitronensaft
- 150 g Puderzucker
- 15 Walnusskerne, halbiert (zum Verzieren)

Zubereitung:
Aus den angegebenen Zutaten (bis auf die Walnusshälften zum Verzieren) einen Teig kneten und etwa eine Stunde kalt stellen. Dann den Teig dünn ausrollen und paarweise Plätzchen ausste-

Walnüsse knacken

Das Knacken von Walnüssen ist eine Kunst für sich – schließlich möchte man die köstlichen Nusskerne möglichst als Ganzes genießen. Am häufigsten werden dafür zangenartige Geräte aus Metall mit zwei gleich großen Schenkeln verwendet, die eine passende Vertiefung für die Nuss aufweisen. Man legt die Nuss so ein, dass die Schenkel auf die „Naht", an der die zwei Hälften der Schale aneinanderstoßen, einwirken und knackt die Schale durch sanften Druck.

chen. Auf ein gefettetes oder mit Backpapier ausgelegtes Backblech setzen und bei 175 °C etwa 10 Minuten backen. Nach dem Auskühlen immer ein Plätzchen mit Johannisbeergelee bestreichen und ein weiteres daraufsetzen. Zitronensaft und Puderzucker zu einer Glasur verrühren, die Plätzchen damit bestreichen und jeweils eine Walnusshälfte zur Verzierung daraufsetzen. Ergibt etwa 30 Plätzchen.

Walnuss-Zimt-Brownies

Zutaten:
- 120 g Butter
- 220 g brauner Zucker
- 1 Ei
- 1 Eigelb
- 150 g Mehl
- 1 TL Backpulver
- 1 TL Zimt (gemahlen)
- 80 g grob gehackte Walnusskerne

Zubereitung:
Butter und Zucker bei geringer Hitze schmelzen und verrühren, bis der Zucker sich aufgelöst hat. Etwas abkühlen lassen. In die Mischung das Ei und das Eigelb einrühren. Das Mehl mit dem Backpulver vermischen und zusammen mit dem Zimt unter die Masse heben. Die gehackten Walnüsse untermischen. Auf ein mit Backpapier ausgelegtes Blech streichen und 20–25 Minuten bei 175 °C backen, bis der Teig sich elastisch anfühlt. Kurz abkühlen lassen und dann vom Backpapier lösen. Nach dem völligen Erkalten in kleine Quadrate mit einer Kantenlänge von etwa 5 cm schneiden.

Engadiner Nusstorte

Engadinger Nusstorte
(Foto: Thomas Andri/fotolia.com)

Zutaten für den Teig:
- 300 g Mehl
- 150 g Butter
- 100 g Zucker
- 1 Ei
- 1 Prise Salz
- nach Bedarf 2 EL Wasser

Zutaten für die Füllung:
- 250 g Walnusskerne (grob gehackt)
- 150 g Zucker
- 20 g Honig
- 200 ml Sahne

Zubereitung:
Aus den Zutaten für den Teig einen geschmeidigen Mürbeteig kneten und kühl stellen. Für die Füllung den Zucker in einer Pfanne schmelzen lassen, die Walnusskerne und den Honig zugeben, die Pfanne vom Feuer nehmen und die Sahne einrühren. Zwei Drittel des Teigs ausrollen und eine Springform (Durchmesser 26 cm) damit auslegen. Einen Rand hochziehen und die etwas abgekühlte Nussmasse einfüllen. Den Rest des Teigs für den Deckel kreisförmig ausrollen, diesen dann auf die Füllung legen und am Rand andrücken. Mehrmals mit einer Gabel einstechen. Bei 175 °C etwa 60 Minuten backen. Wenn der Deckel zu schnell Farbe annimmt, mit einer Alufolie abdecken. Die fertige Torte auf einem Kuchengitter auskühlen lassen und in Folie verpacken. Sie hält sich unter kühlen, trockenen Bedingungen einige Wochen.

Kochen mit Walnüssen

Waldorfsalat

Zutaten (für 4 Personen):
- 250 g Knollensellerie
- 250 g Äpfel
- 100 g Walnusskerne (gehackt)
- 100 g Mayonnaise
- 4 EL Sahne
- 2 EL Zitronensaft
- 1 TL Zucker
- 1 Prise Salz
- weißer Pfeffer aus der Mühle
- einige Walnusshälften zum Garnieren

Zubereitung:
Den Sellerie schälen und in sehr feine Streifen schneiden. Die Äpfel ebenfalls schälen, vom Kerngehäuse befreien und fein schneiden. Sofort mit Zitronensaft beträufeln, damit sie nicht braun werden. Die Mayonnaise mit Salz, Pfeffer, dem restlichen Zitronensaft und Sahne verrühren. Alle Zutaten gründlich mischen und mindestens 2 Stunden im Kühlschrank durchziehen lassen. Vor dem Servieren mit halbierten Walnusskernen garnieren.

Waldorfsalat (Foto: fox17/fotolia.com)

TIPP Wer keinen rohen Knollensellerie mag, kann ihn auch bissfest kochen und dann in feine Streifen schneiden. Außerdem kann man den Salat mit Ananasstückchen und/oder gehäuteten Mandarinenspalten variieren.

Huhn mit Walnüssen und Granatäpfeln

Zutaten (für 4 Personen):
- 1 Brathuhn (ca. 1,5 kg)
- 2 EL Pflanzenöl
- 1 Zwiebel
- 275 g Walnusskerne (fein gehackt)
- 450 ml Granatapfelsaft
- 2 EL Zitronensaft
- 1 EL Tomatenmark
- 2 Zimtstangen
- 2 EL brauner Zucker
- 75 ml kochendes Wasser
- Pfeffer und Salz
- Petersilie und Walnusshälften zum Garnieren

Zubereitung:
Das Huhn gründlich reinigen und innen und außen mit Salz einreiben. Öl in einem Bräter erhitzen und das Huhn unter häufigem Wenden etwa 10 Minuten von allen Seiten anbraten. Aus dem Bräter nehmen und beiseitestellen. Die Zwiebel fein hacken und im Bratfett glasig werden lassen. Die Walnüsse unterrühren und einige Minuten bräunen. Mit Granatapfelsaft, Zitronensaft und kochendem Wasser aufgießen, braunen Zucker und Tomatenmark einrühren, die Zimtstangen dazugeben und kurz aufkochen lassen. Das Huhn dazugeben und etwa 50 Minuten bei schwacher Hitze köcheln lassen. Das Huhn ist gar, wenn beim Einstechen mit einem Messer klarer Saft austritt. Das gare Huhn in gefällige Stücke teilen, auf einer Servierplatte anrichten, mit Pfeffer aus der Mühle würzen und mit der Soße übergießen. Mit Petersilie und Walnusshälften garnieren.

(Foto: Richard Stanley/istockphoto.com)

Rezepte mit Haselnüssen

Kuchen oder Plätzchen mit Haselnüssen, schokoladenhaltige Nuss-Nougat-Creme auf dem Frühstücksbrötchen oder zartschmelzender Haselnussnougat kennt fast jeder. Aber dass man mit Haselnüssen noch viel mehr Leckereien zubereiten kann, ist fast in Vergessenheit geraten. Dabei verleihen Haselnüsse vielen Gerichten eine herzhafte Note und eignen sich sogar zum Panieren von Schnitzelfleisch. Einige der nachfolgenden Rezepte klingen vielleicht etwas ungewöhnlich, aber einen Versuch lohnen sie auf jeden Fall!

Backen mit Haselnüssen

Haselnusskuchen

Zutaten:
- 4 große Eier
- 300 g Butter
- 300 g Zucker
- 300 g Mehl
- 150 g Haselnusskerne (gemahlen)

Zubereitung:
Die Haselnüsse in einer trockenen Pfanne ohne Fett bei mittlerer Hitze rösten, bis sie duften, und dann beiseitestellen. Die Butter mit dem Handrührgerät schaumig schlagen. Die Eier trennen, den Zucker und das Eigelb unter die Butter schlagen. Das Mehl sieben und kurz untermischen. Eiweiß steif schlagen und einige Löffel davon unter den Teig rühren, um ihn zu lockern. Dann den restlichen Eischnee behutsam unterheben. Zum Schluss die abgekühlten Haselnüsse unterheben, den Teig in eine gefettete Backform füllen und bei 200 °C im vorgeheizten Backofen 50–60 Minuten backen. Den fertigen Kuchen noch warm aus der Form stürzen und auf einem Kuchengitter abkühlen lassen.

Nussecken

Zutaten:
Für den Teig:
- 300 g Mehl
- 125 g Butter
- 75 g Zucker
- 1 Ei
- 1 Prise Salz

Für den Belag:
- $\frac{1}{2}$ Glas Aprikosenkonfitüre
- 6 Eiweiß
- 150 g Zucker
- 200 g Haselnusskerne (gemahlen)
- 200 g Schokoladenkuvertüre (zartbitter)

Zubereitung:
Aus den Zutaten für den Teig einen glatten Mürbeteig kneten und auf einem gefetteten Backblech ausrollen. Eiweiß mit dem Zucker steif schlagen und die Nüsse unterheben. Die Aprikosenkonfitüre auf den Teig streichen, danach die Nussmasse darauf verteilen. Bei 180 °C etwa 60 Minuten

Nussecken (Foto: GAP-Artwork/fotolia.com)

backen. Etwas abkühlen lassen und in Dreiecke schneiden. Die Spitzen der abgekühlten Nussecken in die zerlassene Kuvertüre tauchen und die Glasur trocknen lassen.

Haselnussbrot

Zutaten:
- 250 g Weizenmehl Typ 405
- 250 g Weizenmehl Typ 1050
- 100 g Haselnusskerne
- 1 Würfel Hefe
- 300 ml Naturjoghurt
- 125 g Butter
- 1 TL Zucker
- 1 TL Salz

Zubereitung:
Die Haselnüsse halbieren und in einer trockenen Pfanne anrösten. Beiseitestellen und abkühlen lassen. Beide Mehle in eine Schüssel geben, in die Mitte eine Vertiefung eindrücken und die Hefe hineinbröckeln. Mit dem Zucker bestreuen. Die Hälfte des Joghurts leicht erwärmen und mit der Hefe-Zucker-Mischung und etwas Mehl zu einem Vorteig verrühren. An einem warmen Ort 15 Minuten gehen lassen. Die Butter zerlassen und mit dem Salz und den Haselnüssen zum Vorteig geben. Alle Zutaten zu einem geschmeidigen Teig kneten und 30 Minuten gehen lassen. Danach den Teig nochmals durchkneten und in eine gefettete, bemehlte Kastenform legen. Den Brotlaib längs einschneiden und nochmals 30 Minuten gehen lassen.

Anschließend bei 200 °C etwa 50 Minuten backen. Ein auf den Boden des Backofens gestelltes Gefäß mit Wasser sorgt dafür, dass der Teig besonders gut aufgeht und das Brot nicht trocken wird. Nach dem Backen stürzen und auf einem Kuchengitter auskühlen lassen.

Kochen mit Haselnüssen

Haselnussspätzle

Zutaten (für 4 Personen):
- 300 g Weizenmehl
- 100 g Haselnusskerne (gemahlen)
- 8 Eier
- 1 TL Salz
- 1 Prise geriebene Muskatnuss
- etwas Butter, um die Spätzle darin zu schwenken

Zubereitung:
Zunächst die Haselnüsse ohne Fett in einer Pfanne anrösten, bis sie aromatisch duften. In einer Schüssel abkühlen lassen, dann die anderen Zutaten zugeben und schlagen, bis der Teig Blasen

Tipps zum Knacken

Haselnüsse lassen sich besonders leicht knacken, wenn sie gut durchgetrocknet sind. Am besten eignet sich ein einfacher Nussknacker aus Metall mit zwei Schenkeln, die eine geriffelte oder gefurchte Einbuchtung für die Nuss aufweisen. Dabei ist es gleichgültig, wie die Nuss in das Werkzeug eingelegt wird. Wichtig ist allerdings, dass man die Schale mit sanftem Druck sprengt, sodass der weichere Kern nicht verletzt wird.

wirft und zäh vom Löffel fällt. Je nach Größe der Eier kann noch etwas mehr Mehl oder etwas Wasser hinzugegeben werden, bis der Teig die richtige Konsistenz hat. Anschließend den Teig etwa 15 Minuten ruhen lassen. Reichlich Salzwasser zum Kochen bringen und den Teig mit der Spätzlepresse hineindrücken oder vom Brett hineinschaben. Einmal aufkochen lassen und die oben schwimmenden Spätzle abschöpfen. Vor dem Servieren in Butter schwenken oder kurz in Butter anbraten.

TIPP Haselnussspätzle schmecken besonders gut zu dunklen Fleischgerichten mit würzigen Soßen. Als Beilage passt frischer Blattsalat.

Hühnerbrust mit Haselnusspanade

Zutaten (für 4 Personen):
- 2 Hühnerbrüste
- 1 Ei
- 2 EL Mehl
- 100 g Haselnusskerne (grob gehackt)
- 150 g Paniermehl
- Salz
- Pflanzenöl zum Ausbacken
- schwarzer Pfeffer aus der Mühle
- Saft einer Zitrone

Zubereitung:
Aus den Hühnerbrüsten Schnitzel schneiden und diese vorsichtig platt klopfen. Salzen und in Mehl wenden. Anschließend durch das verquirlte Ei ziehen. Eine Seite in die Haselnüsse drücken, die andere Seite in das Paniermehl. Panier beidseitig gut andrücken. In nicht zu heißem Öl langsam in der Pfanne ausbacken. Mit Zitronensaft beträufeln und mit Pfeffer würzen.

TIPP Haselnusspanade eignet sich auch für Puten- oder magere Schweineschnitzel hervorragend.

Spaghetti mit Haselnussoße

Zutaten (für 4 Personen):
- 500 g Spaghetti
- 3 Knoblauchzehen (fein gehackt)
- 6 EL Haselnussöl
- 1 mittelgroße Zwiebel (fein gewürfelt)
- 200 ml Weißwein
- 200 ml Gemüsebrühe
- 50 g getrocknete Tomaten (in Öl)
- Salz
- schwarzer Pfeffer aus der Mühle
- gemahlene Haselnüsse nach Belieben

Zubereitung:
Die Zwiebel in 1 EL Haselnussöl anschwitzen, den Knoblauch hinzufügen und mit dem Weißwein ablöschen. Mit der Gemüsebrühe auffüllen und auf die Hälfte einkochen lassen. Die getrockneten Tomaten klein hacken und mit dem restlichen Haselnussöl sowie etwas von dem Öl der getrockneten Tomaten in die Soße rühren. Mit Salz und Pfeffer abschmecken. Die Spaghetti in reichlich Salzwasser bissfest kochen und dann abgießen. Die Soße über die Spaghetti geben und untermischen.

TIPP Je nach Belieben kann das Gericht mit gemahlenen, kurz in Butter angerösteten Haselnüssen bestreut werden.

Spaghetti mit Haselnussoße
(Foto: Maria Komar/fotolia.com)

REZEPTE MIT HASELNÜSSEN

Rezepte mit Esskastanien

(Foto: juanmonino/istockphoto.com)

Das Backen und Kochen mit Esskastanien ist in unseren Breiten nicht sehr verbreitet. Ganz anders verhält sich die Lage in den Ländern rund ums Mittelmeer. Dort werden Esskastanien seit alters her für vielerlei Gerichte und auch zum Backen verwendet. Die Hauptsaison für Esskastanien ist naturgemäß der Herbst, wenn die reifen Früchte frisch verfügbar sind. Geschält und vorgegart werden sie, in Folie eingeschweißt, auch in vielen Supermärkten angeboten und sind somit nahezu ganzjährig verfügbar. Ein Grund mehr, mit diesen leckeren Früchtchen diverse Rezepte auszuprobieren!

Backen mit Esskastanien

Kastanientorte

Zutaten:
- 150 g Butter
- 150 g Zucker
- 220 g Püree aus Esskastanien
- 5 Eigelb
- 5 Eiweiß
- 250 ml Sahne
- 1 Päckchen Vanillezucker
- geraspelte Bitterschokolade

Kastanien schälen

Vor dem Verzehr muss die braune ledrige Schale der Esskastanien entfernt werden. Das gelingt am besten, wenn man die Schale mit einem scharfen Messer kreuzweise einschneidet, bevor die Früchte gekocht oder geröstet werden.
Nach dem Garen lässt sich die Schale mit den Fingern abschälen.
Ob man auch die innere, leicht pelzige Schale ablöst, ist Geschmackssache. Da sie sich nur schwer lösen lässt, ist das Schälen allerdings eine ziemliche Geduldsprobe.

Kastanientorte
(Foto: Silvana Comugnero/fotolia.com)

Zubereitung:
Butter, Zucker und Eigelb so lange mit dem Mixer schlagen, bis die Masse fast weiß ist. Dann das Kastanienpüree zugeben. Eiweiß steif schlagen und unter die Kastanienmasse heben. In eine runde Springform füllen und bei 180 °C etwa 75 Minuten backen. Mit einem Holzstäbchen prüfen: Wenn beim Einstechen nichts Klebriges mehr am Stäbchen bleibt, ist der Kuchen gar. Auskühlen lassen und quer durchschneiden. Die Sahne mit dem Vanillezucker steif schlagen. Die

> **TIPP** Kastanienmehl und -püree sind glutenfrei und somit für an Zöliakie Erkrankte bedenkenlos genießbar!

Torte damit bestreichen und nach Belieben mit geraspelter Bitterschokolade bestreuen.

Kastanien-Biskuitrolle

Zutaten:
Für den Teig:
- 220 g Kastanienpüree
- 90 g Zucker
- 3 Eigelb
- 3 Eiweiß
- 2 EL Zucker für das Eiweiß
- 2 EL Mehl
- 2 EL Kakaopulver

Für die Füllung:
- 2 ml Sahne
- 25 g Pistazien (ungesalzen, gehackt)
- 2 EL Zucker
- Kakaopulver und einige Pistazien zum Verzieren

Zubereitung:
Das Kastanienpüree mit dem Zucker und Eigelb verrühren, bis die Masse heller wird. Eiweiß mit Zucker steif schlagen. Das Mehl mit dem Kakao und dem Eischnee unter die Kastanienmasse ziehen. Den Biskuitteig auf ein mit Backpapier ausgelegtes Backblech streichen und etwa 6 Minuten bei 240 °C backen. Den fertigen Teig noch heiß mitsamt dem Backpapier aufrollen und auskühlen lassen. Nach dem Auskühlen vorsichtig wieder aufrollen, das Backpapier abziehen und die Ränder gerade schneiden. Sahne steif schlagen, mit Pistazien und Zucker mischen und das Biskuit damit bestreichen. Aufrollen, in Klarsichtfolie packen und mindestens eine Stunde im Kühlschrank durchziehen lassen. Vor dem Servieren mit Kakaopulver bestäuben und mit einigen halbierten Pistazien verzieren.

Kastanienbrot

Zutaten:
- 125 g getrocknete Esskastanien
- 1 Würfel Frischhefe
- 100 g Wasser (1)
- 1 kg Weizenvollkornmehl Typ 1050
- 25 g Salz
- 520 g Wasser (2)

Zubereitung:
Die Esskastanien in warmem Wasser einige Stunden einweichen und dann mit frischem Wasser 45 Minuten weich kochen. Von den Häutchen befreien und klein hacken. Die Hefe in Wasser (1) auflösen und 15 Minuten stehen lassen. Mit etwas Mehl zu einem dünnen Teig verrühren. Die

> **TIPP** Man kann das Kastanienbrot auch mit frischen oder getrockneten Rosmarinnadeln würzen. Dafür einfach die Rosmarinnadeln vor dem Backen auf das Brot streuen und leicht andrücken.

gehackten Esskastanien, den Rest des Mehls und das Salz hinzugeben, mit dem Wasser (2) zu einem Teig verkneten und anschließend 1,5 Stunden an einem warmen Ort aufgehen lassen. Anschließend in vier gleich große Stücke teilen, daraus Rollen formen und diese zu einem Zopf flechten. Auf ein gefettetes oder mit Backpapier ausgelegtes Backblech legen und nochmals 30 Minuten aufgehen lassen. Bei 200 °C etwa 1,5 Stunden backen. Nach dem Backen sofort mit kaltem Wasser bepinseln und auf einem Kuchengitter auskühlen lassen.

Kochen mit Esskastanien

Kastaniensuppe

Zutaten:
- 1 EL Butter
- 1 mittelgroße Zwiebel
- 80 g Staudensellerie
- 1 Möhre
- 180 g Esskastanien (geschält und halbiert)
- 0,7 l Gemüsebrühe
- 125 g Sahne
- 1 Prise Salz
- 1 Prise frisch gemahlener schwarzer Pfeffer

Zubereitung:
Die Zwiebel fein hacken, die Möhre schälen und wie den Sellerie in Stücke schneiden. Die Butter in einem Topf zerlaufen lassen und erst die Zwiebel darin glasig werden lassen, dann die Möhren- und Selleriestücke zugeben und kurz anschwitzen. Schließlich die Esskastanien zugeben und noch 2 Minuten mitschwitzen lassen. Dann mit der Brühe ablöschen und 25 Minuten bei schwacher Hitze kochen lassen. Anschließend mit dem Mixstab pürieren, mit Pfeffer und Salz abschmecken und die geschlagene Sahne untermischen.

Pute mit Kastanienfüllung

Zutaten (für 6–8 Personen):
- 1 mittelgroße Pute (etwa 3 kg)
- 3 TL Salz
- 1 $\frac{1}{2}$ TL weißer Pfeffer aus der Mühle
- $\frac{1}{2}$ TL getrockneter Thymian
- 400 g Esskastanien, geschält und gekocht
- 5–6 Stangen Staudensellerie
- 100 g Butter
- 1 Prise Muskatblüte (Macis)
- 1 Tasse Gemüsebrühe
- 1 EL Schlagsahne
- 2 EL Petersilie (fein gehackt)

Zubereitung:
Die Pute gründlich waschen und mit Küchenkrepp trocken tupfen. Mit 2 TL Salz, 1 TL Pfeffer und dem Thymian innen und außen einreiben. Den Staudensellerie in kleine Stücke schneiden. Von der Butter 4 EL abnehmen, in einem Topf zerlassen und Staudensellerie, Kastanien, 1 TL Salz, $\frac{1}{2}$ TL Pfeffer, Muskatblüte und Brühe zugeben. Etwa 10 Minuten zugedeckt dünsten und gelegentlich umrühren. Die Mischung vom Feuer nehmen, pürieren und mit Sahne sowie Petersilie vermischen. Abkühlen lassen und die Pute damit füllen. Pute mit Küchengarn dressieren und mit der Brust nach oben ins Rohr schieben. Mit der restlichen (zerlassenen) Butter übergießen. Bei 190 °C auf der untersten Schiene in den Backofen schieben und etwa 3 Stunden braten. Dabei gelegentlich mit dem austretenden Bratensaft begießen. Die letzten 10 Minuten die Hitze auf 250 °C erhöhen, damit die Haut schön knusprig wird.

TIPP Als Beilagen passen Rotkohl und Serviettenknödel.

Glasierte Kastanien

Zutaten:
- 500 g gedünstete, geschälte Esskastanien
- 2 EL Butter
- 100 g Zucker

Zubereitung:
Die Butter in einer Pfanne zerlaufen lassen, den Zucker einstreuen und unter Rühren schmelzen lassen. Die Kastanien zufügen und darin wenden, bis sie rundherum mit karamellisiertem Zucker überzogen sind und glänzen. Die glasierten Kastanien passen heiß zu Desserts wie Vanilleeis, können aber auch warm als Beilage zu Wild oder dunklem Geflügelfleisch gereicht werden.

(Foto: Laurie Patterson/istockphoto.com)

Rezepte mit Mandeln

Zimtsterne, Vanillekipferln, Lebkuchen und andere weihnachtliche Köstlichkeiten sind ohne Mandeln kaum vorstellbar. Und bei einem frischen Obstsalat, einem fruchtigen Kompott oder einem Eisbecher sind Mandelsplitter eine beliebte und köstliche Dekoration. Aber Mandeln können nicht nur zum Backen oder Verzieren von Desserts verwendet werden. Sie sind, besonders in der orientalischen Küche, eine geschätzte Zutat für allerlei leckere Fleischgerichte und Gemüsespeisen. Das mild-süße Aroma der Mandeln passt hervorragend zu Geflügel, aber auch zu Lamm und sogar zu Fisch – etwa zu gebratenen Forellen. Lernen Sie die Vielfalt von Mandeln in der Küche kennen und lieben!

Mandeln knacken und schälen

Mandeln haben in der Regel eine sehr harte Schale und sind weniger leicht zu knacken als Wal- oder Haselnüsse. Man benötigt einen guten und vor allem stabilen Nussknacker, am besten aus Metall. Beim Knacken von Mandeln kommt es auf das richtige Fingerspitzengefühl an, denn bei zu kräftigem Druck zersplittert nicht nur die Schale, sondern auch der weiche Mandelkern.

Die geknackten Mandeln sind von einem braunen, leicht pelzigen Häutchen umgeben, das kinderleicht entfernt werden kann: Dazu legt man die Mandeln für 1–2 Minuten in kochendes Wasser, schreckt sie mit kaltem Wasser ab und drückt sie einfach von Hand aus dem Häutchen.

Backen mit Mandeln

Zimtsterne

Zutaten:
- 4 Eiweiß
- 1 Prise Salz
- 200 g feiner Zucker
- 1 EL Vanillezucker
- 200 g abgezogene, gemahlene Mandeln
- 100 g Haselnüsse (gemahlen)
- 2 TL Zimtpulver
- 50 g Mehl
- Puderzucker zum Bestäuben

Zubereitung:
Eiweiß mit dem Salz steif schlagen, nach und nach den Zucker und den Vanillezucker darunterschlagen. Eine Tasse davon für den Teig in eine Schüssel geben und den Rest beiseitestellen. Das Eiweiß in der Schüssel mit den übrigen Zutaten vermischen, aber nicht zu viel rühren, damit der Eiweißschnee seine Konsistenz behält.

Die Arbeitsfläche mit Puderzucker bestäuben und den Teig $\frac{1}{2}$ cm dick ausrollen. Mit dem übrig gebliebenen Eischnee bestreichen und mit angefeuchteten Sternförmchen die Plätzchen ausstechen. Die Sterne auf ein gefettetes, bemehltes oder mit einem Backpapier ausgelegtes Blech setzen und bei 120 °C etwa 60 Minuten mehr trocknen als backen.

Vanillekipferln

Zutaten:
- 125 g Zucker
- 200 g Butter
- 250 g Mehl
- 200 g Mandeln (gemahlen)
- 2 Eigelb
- das ausgekratzte Mark einer Vanilleschote
- 3 EL Puderzucker

Zubereitung:
Aus Zucker, Butter, Mehl, Eigelb und Mandeln einen Mürbeteig kneten. Daraus Rollen von etwa 2 cm Durchmesser formen. Diese in knapp 1 cm breite Streifen schneiden. Aus den Scheiben kleine Hörnchen (Kipferln) formen. Diese legt man auf ein gefettetes oder mit Backpapier ausgelegtes Blech und backt sie bei 220 °C etwa 10 Minuten. Das ausgekratzte Vanillemark mit dem Puderzucker vermischen, auf einen Teller geben und die lauwarmen Kipferln vorsichtig darin wenden.

Vanillekipferln (Foto: Michael Frank/pixelio.de)

Cantuccini

Zutaten:
- 400 g Weizenmehl
- 3 Eier
- 250 g Zucker
- 6 EL Pflanzenöl
- $\frac{1}{4}$ TL Salz
- 1 Fläschchen Bittermandelaroma
- Mark einer Vanilleschote
- 200 g ungeschälte Mandelkerne

Zubereitung:
Bis auf die Mandeln aus den Zutaten einen geschmeidigen Teig kneten. Zum Schluss die

Marzipan – eine süße Versuchung

Selbst gemachtes Marzipan von Mandeln aus dem eigenen Anbau ist einfach das Größte! Und dabei ist es gar nicht so schwer, wie man vielleicht denkt:

Zutaten:
- 250 g abgezogene, fein gemahlene Mandeln
- 250 g Puderzucker
- 1 TL Rosenwasser
- einige Tropfen Bittermandelöl

Zubereitung:
Alle Zutaten gut miteinander verkneten und bis zur Weiterverarbeitung in Folie eingepackt im Kühlschrank aufbewahren. Dort hält sich die Marzipanrohmasse einige Wochen. Für die weitere Verwendung kann die Marzipanrohmasse mit noch einmal 250 g Puderzucker verknetet werden. Dadurch wird sie süßer und gewinnt mehr „Stand", um zum Beispiel dekorative Figuren zur Verzierung von Torten daraus zu formen.

ganzen, ungeschälten Mandelkerne in den Teig einarbeiten. Aus dem Teig 6 gleich große Rollen formen und auf ein mit Backpapier belegtes Backblech legen. Bei 175 °C etwa 35 Minuten backen. Etwas abkühlen lassen und in fingerdicke Scheiben schneiden. Diese bei gleicher Temperatur etwa 6 Minuten backen, wenden und nochmals 5 Minuten backen. Auf einem Kuchengitter abkühlen lassen und in einer fest schließenden Blechdose aufbewahren.

Kochen mit Mandeln

Weißes Hühnercurry mit Mandeln

Zutaten (für 4 Personen):
- 1 kg Hühnerbrüste ohne Haut und Knochen
- 350 g Zwiebeln
- 75 g Butterschmalz (Ghee)
- 150 g Sahnejoghurt
- 100 gehäutete Mandeln (grob gehackt)
- 2 Lorbeerblätter
- 1 TL Curry
- 2 TL Knoblauch (gehackt)
- 2 TL Ingwer (gehackt)
- Salz

Weißes Hühnercurry mit Mandeln
(Foto: Joe Gough/fotolia.com)

Zubereitung:
Vom Butterschmalz einen EL beiseitegeben. Die Zwiebeln hacken und im restlichen Butterschmalz glasig dünsten. Das Currypulver und die Lorbeerblätter kurz mit anbraten. Dann 250 ml Wasser zugießen und 10 Minuten köcheln lassen. Die Lorbeerblätter entfernen, die Mischung abkühlen lassen und im Mixer pürieren. Im verbliebenen Butterschmalz Knoblauch, Ingwer, Mandeln und die Hühnerbrüste kurz anbraten. Sobald der Fleischsaft verdampft ist, den Joghurt einrühren. Die Curry-Zwiebel-Mischung und etwa 375 ml Wasser zufügen und das Gericht bei geringer Hitze etwa 30 Minuten gar kochen.

Geschmorte Lammkeule nach Art von Lakhnau

Zutaten (für 4 Personen):
- 400 g Zwiebeln
- 40 g Mandeln
- 125 ml Pflanzenöl
- 1 EL frischer Ingwer (gehackt)
- 1 EL Knoblauch (gehackt)
- 1 kg Lammkeule
- 3 EL Sahnejoghurt
- 2 TL Curry
- Salz
- 1 l Wasser
- einige Safranfäden
- Saft von 1 Limone

Zubereitung:
Die Safranfäden in etwas Wasser einweichen. Die in dünne Scheiben geschnittenen Zwiebeln in Öl anschwitzen. Die Mandeln zugeben und braun werden lassen. Die angebratene Mischung auspressen und im Mixer pürieren. Die Lammkeule im verbliebenen Fett rundum anbraten, den Knoblauch, das Currygewürz und Salz hinzufügen und den Joghurt einrühren. Köcheln lassen, bis die Flüssigkeit aufgenommen wurde. Dann das Zwiebel-Mandel-Püree unterrühren, 1 l Wasser zufügen und bei mittlerer Hitze etwa eine halbe Stunde fertig garen. Vor dem Anrichten den Limonensaft und den Safran mit dem Einweichwasser unterrühren.

Infos & Adressen

(Foto: Erich Keppler/pixelio.de)

Baumschulen mit Nussgehölzen im Sortiment

Baumschule Brenninger
Hofstarring 2
D-84439 Steinkirchen
www.brenninger.de
(Versand EU-weit auf Anfrage)

Klaus Ganter
Forchheimer Str./Baumweg 2
D-79369 Wyhl
www.obstbau.de
(Versand EU-weit auf Anfrage)

Haas & Haas Nussbaumschule
Hauptstraße 39
A-2063 Zwingendorf
www.walnussbaum.at

Pflanzen Hofmann GmbH
Hauptstr. 36
D-91094 Langensendelbach
www.baumschule-hofmann.de
(Versand auf Anfrage)

SILVA NORTICA
Bio-Baumschule Artner
Reichenau am Freiwald 9
A-3972 Bad Großpertholz
www.artner.biobaumschule.at

Praskac Pflanzenland GmbH
Praskacstraße 101–108
A-3430 Tulln/Donau
www.shop.praskac.at
(Versand in ganz Österreich)

Häberli Fruchtpflanzen AG
CH-9315 Neukirch-Egnach
www.haeberli-beeren.ch
(EU-weiter Versand)

Vereine und Verbände

Bund deutscher Baumschulen e. V. (BdB)
Bismarckstr. 49
D-25421 Pinneberg
www.bund-deutscher-baumschulen.de

Verein zur Förderung alter Obstarten
Wangenerstr. 22
CH-8307 Effretikon
www.fructus.ch

Verband Schweizer Baumschulen
CH-8008 Zürich
www.vsb.ch

Bund Österreichischer Baumschul- und Staudengärtner
Schauflerg. 6
A-1014 Wien
www.baumschulinfo.at

Biologische Pflanzenschutzmittel, Baumpflegemittel und Dünger

Andermatt Biocontrol
Stahlermatten 6
CH-6146 Grossdietwil
www.biocontrol.ch

Biohelp GmbH
Kapleigasse 16
A-1110 Wien
www.biohelp.at

Biokeller
Konradstr. 17
D-79100 Freiburg
www.biokeller.de

Neudorff
Postfach 12 09
D-31857 Emmerthal
www.neudorff.de

Oscorna
Postfach 42 67
D-89032 Ulm
www.oscorna.de

Mandelkosmetik-Hersteller

Weleda Deutschland:
Möhlerstr. 3
D-73525 Schwäbisch Gmünd
www.weleda.de

Weleda Österreich:
Hosnedlgasse 27
A-1220 Wien
www.weleda.at

Weleda Schweiz:
Dychweg 14
CH-4144 Arlesheim
www.weleda.ch

Dr. Hauschka
Wala Heilmittel GmbH
Dorfstr. 1
D-73087 Bad Boll/Eckwälden
www.dr.hauschka.de
www.wala.de

Esskastanienfeste (Auswahl)

Österreich: Burg Forchtenstein, Gmunden, Klostermarienburg, Unterach am Attersee

Italien: Piancastagnaio, Südtirol: Völlan/Lana, Tisens/Prissian, Eisacktal

Deutschland: Annweiler bei Trifels, Dannenfels, Edenkoben, Hauenstein, Kronberg im Taunus

Frankreich: Collobrières, Bocognano (Korsika)

Schweiz (Tessin): Ronco, Ascona, Brissago

Nützliche Literatur

Berger Frank von und Funke, Wolfgang: *Der simplify Garten-Doktor.* Bonn, Berlin, Salzburg, Zürich u. a.: VNR Verlag für die Deutsche Wirtschaft AG, 2010.

Haas, Hansjörg: *Pflanzenschnitt.* München: Gräfe und Unzer, 2012.

Hecker, Ulrich: *BLV-Handbuch Bäume und Sträucher.* 4. Auflage. München, Wien, Zürich: BLV, 2006.

Kreutter, Marie-Luise: *Der Biogarten.* 25. Auflage. München, Wien, Zürich: BLV, 2012.

Laudert, Doris: *Mythos Baum.* Geschichte, Brauchtum, 40 Baumporträts. München, Wien, Zürich: BLV, 2004.

Stangl, Martin: *Obst aus unserem Garten.* München, Wien, Zürich: BLV, 2009.

Register

(Foto: violetta/fotolia.com)

Sachregister

Amygdalus communis 52
Apfelwickler 21
Aufasten 44
Auslichten der Krone 17, 33, 35, 60, 61
Auslichtungsschnitt 33
Bartnuss 26
Baum-Hasel 27
Befruchtersorte 7, 25, 39, 46, 56, 59
Bittermandel 53
Blattfleckenkrankheit 16, 21
Butternuss........................... 7
Castanea sativa..................... 38
   'Belle Epine'..................... 45
   'Bouche de Betizac' 46
   'Bouche Rouge' 45
   'Brunella' 46
   'Dorée de Lyon' 46
   'Ecker 1'......................... 46
   'Marigoule'....................... 46
Corylus avellana 24
   'Contorta'........................ 29
   'Cosfords Zellernuss' 29
   'Fuscorubra' 28
   'Hallesche Riesen' 29
   'Nottinghams Fruchtbare' 30
   'Römische Zellernuss' 30
   'Rote Zellernuss' 30
   'Wunder von Bollweiler'........... 30
Corylus colurna 27

Corylus maxima 25, 30
   'Purpurea' 27, 28
Curculio elephas 49
Curculio nucum 35
Dryocosmus kuriphilus 49
Erhaltungsschnitt 16
Erziehungsschnitt 17, 44
Esskastanienbohrer 49
Gallmilben 21
Graunuss 7
Grauschimmel 35
Grüne Pfirsichblattlaus 61
Halbstamm 15, 27
Handveredelung 9
Haselnussblattlaus 34
Haselnussbohrer 35
Haselnussgallmilbe 34
Haselruten 29
Heister 15
Hochstamm 15, 27, 57
Hosennuss 26
Japanische Esskastanien-Gallwespe 49
Juglans cinereus 7
Juglans nigra 7
Juglans regia 6, 7, 9
   'Esterhazy II' 12
   'Geisenheim Nr. 26'............... 12
   'Kurmarker Walnuss' 12
   'Rote Donaunuss'.................. 12
   'Seifersdorfer' 12
   'Spreewälder Walnuss'............. 12
   'Weinsberger Walnuss W1' 12

Kastanienkrebs	43, 47
Kastanienwickler	48
Kopulation	10, 46
Kräuselkrankheit	60
Lambertsnuss	25, 26, 29, 31
Marssonina juglandis	21
Monilia-Spitzendürre	61
Myzus persicae	61
Pfropfung	9
Plumpsfrüchte	25, 39
Prunus amygdalus	52
Prunus dulcis	52
'Ai'	59
'Dürkheimer Krachmandel'	58
'Dürkheimer Prachtmandel'	58
'Ferraduel'	59
'Ferragnes'	59
'Ferraster'	59
'Lauranne'	59
'Marcona'	59
'Palatina'	58
'Téténys Liebling'	58
'Téténys Rekord'	58
'Texas'	59
Pseudomonas juglandis	21
Rhagoletis completa	21
Rotblättrige Sorten	28
Rückschnitt	33
Rüsselkäfer	35, 49
Schachtelhalmbrühe	17
Schwarznuss	7
Spaliergehölz	57
Spitzendürre	61
Sprühfleckenkrankheit	48
Stubenveredelung	9
Tintenkrankheit	43, 48
Walnussfruchtfliege	21
WalWal-Methode	9
Welsche Nuss	6, 7
Wickler	48
Zikaden	34
Zwetschgenrost	61

Rezeptregister

Cantuccini	74
Engadiner Nusstorte	65
Geschmorte Lammkeule nach Art von Lakhnau	75
Glasierte Kastanien	72
Haselnussbrot	68
Haselnusskuchen	67
Haselnussspätzle	68
Hühnerbrust mit Haselnusspanade	69
Hühnercurry mit Mandeln	75
Huhn mit Walnüssen und Granatäpfeln	66
Kastanienbiskuitrolle	71
Kastanienbrot	71
Kastaniensuppe	72
Kastanientorte	70
Nussecken	67
Pute mit Kastanienfüllung	72
Spaghetti mit Haselnusssoße	69
Vanillekipferln	74
Waldorfsalat	66
Walnussplätzchen	64
Walnuss-Zimt-Brownies	65
Zimtsterne	73

COVERFOTO
Vasil Vasilev/shutterstock.com

IMPRESSUM

avBUCH im Cadmos Verlag
Copyright © 2012 by Cadmos Verlag, Schwarzenbek

GESTALTUNG UND SATZ: Hantsch & Jesch
PrePress Services OG, 1230 Wien
UMSCHLAG: Ravenstein und Partner, Verden
LEKTORAT: Brigitte Millan-Ruiz, Bisamberg

DRUCK: Westermann Druck, Zwickau

Deutsche Nationalbibliothek – CIP-Einheitsaufnahme
Die Deutsche Nationalbibliothek verzeichnet diese Publikation in der
Deutschen Nationalbibliografie; detaillierte bibliografische Daten sind im
Internet über http://dnb.ddb.de abrufbar.

Alle Rechte vorbehalten.

Abdruck oder Speicherung in elektronischen Medien nur nach vorheriger
schriftlicher Genehmigung durch den Verlag.

Printed in Germany

ISBN: 978-3-8404-8106-2